U0010766

彩色圖解

跟著飛行員
一起開飛機

了解怎麼將飛機開上天？
與認識飛機的駕駛與操作？

中村寬治◎著　溫欣潔◎譯

晨星出版

WOW！知的狂潮

　　廿一世紀，網路知識充斥，知識來源十分開放，只要花十秒鐘鍵入關鍵字，就能搜尋到上百條相關網頁或知識。但是，唾手可得的網路知識可靠嗎？我們能信任它嗎？

　　因為無法全然信任網路知識，我們興起探索「真知識」的想法，亟欲出版「專家學者」的研究知識，有別於「眾口鑠金」的口傳知識；出版具「科學根據」的知識，有別於「傳抄轉載」的網路知識。

　　因此，「知的！」系列誕生了。

　　「知的！」系列裡，有專家學者的畢生研究、有讓人驚嘆連連的科學知識、有貼近生活的妙用知識、有嘖嘖稱奇的不可思議。我們以最深入、生動的文筆，搭配圖片，讓科學變得很有趣，很容易親近，讓讀者讀完每一則知識，都會深深發出WOW！的讚嘆聲。

　　究竟「知的！」系列有什麼知識寶庫值得一一收藏呢？

　　【WOW！最精準】：專家學者多年研究的知識，夠精準吧！儘管暢快閱讀，不必擔心讀錯或記錯了。

　　【WOW！最省時】：上百條的網路知識，看到眼花還找不到一條可用的知識。在「知的！」系列裡，做了最有系統的

歸納整理，只要閱讀相關主題，就能找到可信可用的知識。

【WOW！最完整】：囊括自然類（包含植物、動物、環保、生態）；科學類（宇宙、生物、雜學、天文）；數理類（數學、化學、物理）；藝術人文（繪畫、文學）等類別，只要是生活遇得到的相關知識，「知的！」系列都找得到。

【WOW！最驚嘆】：世界多奇妙，「知的！」系列給你最驚奇和驚嘆的知識。只要閱讀「知的！」系列，就能「識天知日，發現新知識、新觀念」，還能讓你享受驚呼WOW！的閱讀新樂趣。

知識並非死板僵化的冷硬文字，它應該是活潑有趣的，只要開始讀「知的！」系列，就會知道，原來科學知識也能這麼好玩！

　　身為一位職業飛行員，我一直以能將我的專業飛行知識與諸多親朋好友分享為樂，而這也是我多年以來在報刊雜誌與網路上努力以赴並且樂此不疲的動力之一。的確，飛行這一行真的有太多太多的故事與知識可以和大家分享，從起飛到落地、從軍事到民航，那些血、汗、淚交織成的悲歡離合，我總覺得如果沒有很詳盡周延地傳述出來，實在是我們飛行員的失責與失職！

　　拜讀這本新書，很佩服這位日籍作家—中村寬治，他並不是真正的飛行員出身，但他對飛行的觀察與關注，可能比絕大多數的飛行員更深入，因此也提供了讀者對飛行有了另一個角度的切入，這也似乎在召喚著更多的相關從業人員應該勇於及時投入這個分享的行列中，好讓喜愛航空的讀者們能夠有更完整的閱讀空間。

　　很巧，正當晨星出版社的劉編輯在伊媚兒上邀我為這本新書寫序時，我的一本類似此書的專冊也開始進入了緊鑼密鼓的階段，我感覺到我在分享航空知識的路上並不孤寂，更樂意看到一本有關飛行的好書能夠順利問世，是為之序。

何機長的飛行部落格作家／現役民航機師

何飛　序筆於溫哥華飛旅中

f 搜尋　／　何機長的飛行部落格　🔍

我是James，一個自有記憶以來就想當飛行員的年輕人，朋友都管我叫詹姆士。飛行至今到過了五個不同國家的航空公司飛行，目前在日本的航空公司擔任機長一職。

每每有朋友問我為什麼想當飛行員？我總是回答：自我有記憶以來就想當飛行員，或許就是憑著這股衝勁才成就了今天的我。我相信有更多的年輕人，一定也跟我一樣對飛行有著濃厚的興趣，也包含了正在閱讀這本書的你。

從前網路不發達，資訊傳輸跟現今比起來可真的說是微乎其微，從小對飛行充滿興趣的我卻苦無飛行員的朋友可以詢問，坊間又無相關類似的書籍可買，更別說有網路這回事。對於飛行員從報到開始到飛行、落地、結束工作回家，到底在做些什麼事情？也是從我開始當了飛行員之後才親身體驗的。

我常常在外面認識新朋友，每當介紹完自己的工作時，總是換來一大堆好奇的問題。這些問題不外乎是～機師飛行中都在做些什麼事情啊？飛機可以自己起飛落地嗎？飛機到底能飛多高？波音的飛機好還是空中巴士的飛機好？

我很幸運地能比各位讀者搶先一步狠狠閱讀這本大作，爾後還有機會到外面認識新朋友的話，我一定隨身攜帶本書，再有朋友問到關於飛行的問題時，我一定直接把這本書交給他，告訴他想要的答案全都在這本書裡喔，哈哈。

剛拿到書時我花了很長的時間認真地把整本書看完，本書詳細地把一個飛行員如何從報到開始執行任務，一直到飛行任務結束，解釋得鉅細靡遺。就連平常我不知道如何跟朋友或我的副駕駛解釋的問題，本書都有很完整的描述與解釋，甚至有些作者所提到的東西改變了我現有的想法及觀念。

各位讀者很幸運能擁有這本書，我非常羨慕你們。你可以當它是本很有用的工具書。本書有些內容由淺入深，有些細節是有點深奧的，你必須很認真的花很多時間去理解。但是當你很用心讀完它的時候，我可以很肯定地告訴你，我與你之間的距離只在於一個駕駛艙門而已，我坐在裡面而你坐在外面。

型男機長 瘋狂詹姆士

本名王天傑，一個把高中當醫學院讀6年的傢伙。退伍後從一個開小黃的「問講」，一路到實現開飛機的夢想，成為台灣少數擁有美國CFI飛行教練執照、在美國執教過的機師，並在30歲時當上全台灣最年輕的機長。

目前繼續搞飛機中。
E-Mail：crazyjames@seed.net.tw

f 搜尋 / crazyjames777

透過連接著出境大廳與天空之間空橋上的小窗，隱隱約約可以一窺駕駛艙。雖然我們都知道駕駛員肯定在忙著一大堆操作，但是「從準備出發到降落，飛行員在駕駛艙裡到底在做些什麼呢？」、「緊急狀況發生時，飛行員是如何應對的呢？」……在準備翱翔天際的那一刻，我們也愈來愈渴望好奇心能得到滿足。

這本書，從飛行前的準備到降落，隨著整個航程的轉變，來說明飛行員的操作方式及裝置構造。此外，我們也會論及部分緊急狀況發生時的警報設備以及緊急操作。

關於操作方式與裝置的部分，我們透過比較兩大雙引擎飛機龍頭——波音的B777與空中巴士的A330的方式進行說明。雖然B777與A330同為雙引擎飛機，但從A330選用側置操縱桿，B777卻採用傳統操縱桿等差異看來，兩者在設計構想上確有顯著的不同，操作順序也必然有所差異。透過兩者間差異的比較，相信能夠使讀者更加理解每一步操作所代表的意義以及各種裝置的構造。

不僅如此，我們也將淺談以前的飛機操作及裝置構造。例如，對於現在飛機不可或缺的FMS（飛行管理系統）尚未問世時，飛機操作順序當然不會一致，而藉由比較兩時期的操作方式，相信更能理解FMS的功能。

在第1章裡，我們將介紹確保飛航手冊為最新狀態的重要性，並跟著飛行員的腳步，從出發前的航行簡報到登機門等待進入飛機的過程，都將一一介紹。

第2章，介紹從乘客登機到起飛前的滑行。在此，引擎構造及引擎啟動的順序將是重點。此外，也會針對操縱裝置及能夠使飛機順利在跑道滑行的裝置進行說明。

第3章，終於要起飛了。如何設定起飛所需的推力？空中巴士與波音飛機有何差異？推力到底是什麼呢？讓我們在這個章節中，一起尋找答案吧。

第4章將介紹空中巴士與波音飛機之間自動駕駛系統的差異。在歐洲一向由手排車取得壓倒性勝利；在美國卻以自排車為主流，而旅客機的世界有沒有可能不同呢？

第5章將解說飛機巡航時的操作以及飛機可飛多快、多高、多遠。不僅如此，飛機搖晃的原因，也將在此章節得到解答。

第6章開始，飛機將結束漫長的巡航，開始準備降落。而飛機絕對不是單純透過減少升力來降落。在這一章節，我們會介紹降落的方式以及降落的種類。

第7章會介紹降落時的操作內容、降落也需要推力的理由，以及各機種特有的降落姿態。自動著陸系統（Auto-landing）也會在這一章節進行解說。

第8章則是針對緊急事故發生時飛行員的操作及應對方法進行解說。此外也將提及空中巴士與波音飛機對於提醒飛行員的異常警報系統，其構想的差異。

對於所有關於飛行的疑問，希望透過本書可以為讀者提供或多或少的幫助。

2010年12月吉日　中村寬治

目次
c o n t e n t s

第 1 章　飛行前的準備～Pre-flight

第 2 章　引擎啟動～Engine Start

第 **3** 章　起飛〜Take off

第 **4** 章　爬升〜Climb

第5章　巡航～Cruise

第6章　下降高度並準備進場～Decent & Approach

第1章

飛行前的準備～Pre-flight

開始登機的時間約在出發時刻的前20分鐘（國際線則約30分鐘前）。

在登機前，

讓我們跟著飛行員的腳步，

一起觀察飛行前的準備是如何進行吧！

1-01 飛行員與飛航手冊的關係
應確保飛航手冊為最新資訊

看著舊地圖開著車兜風時，不時會出現地圖上沒有的道路，讓人一時之間不知所措。這樣的經驗，應該很多人都有過。當場景換成飛機，使用舊的航空路線圖飛行是非常危險的。不只如此，在不知道飛機有部分裝置改造的狀況下飛行，也是絕對不被允許的。因此出發前，飛行員不只必須確認各種飛航手冊為最新資訊，對於改版的理由及內容也必須有充分的理解。

右圖中的三本手冊，是對於飛行員而言最為重要的飛航手冊。這些飛航手冊都是活頁式的，有任何更新都應將內容置換。出發機場或是目的地機場的進出場路線若有任何變動，當然得將新的情報置換；即使是較舊款的飛機，其操作方式及裝置等的變更或追加也都不容忽視。為了當日的航行要整理的文件相當多，可見，飛行前的準備，並不是從飛行員踏出公司往機場前進的那一刻才開始呢。

各項飛航手冊所記載的內容，是依據航空法規定，各航空公司是不得擅自變更或追加內容。因此有任何變更時，務必得先取得相關機構的認可（提出申請）。

附帶一提，不論是國內線或是國際線，很常會遇到得過夜（Stay）的航程，而因為過夜地的季節可能與出發地不同，甚至相反，因此從夏天輕便的衣物到冬天的防寒衣都得隨時準備。對飛行員而言，辛苦的不僅僅只有時差，季節的差異也很傷腦筋呢！

▶ 飛行員所使用的飛航手冊

航務規定（OM: Operations Manual）

實施安全且順利的飛航所需的基本方針與規則，其中記錄了：

- ・飛行員的訓練、審查、職務、權限、責任、任務、攜帶品、勤務、休息、健康管理、制服等
- ・有關飛航可能之氣象條件
- ・飛航組員的職務、資格、訓練、審查
- ・緊急對策

飛機操作規定
（AOM: Airplane / Aircraft Operating Manual）

也就是飛機的操作說明書，每架飛機皆有一本屬於自己的操作規定，其中記錄了：

- ・操作界限（飛機之性能及操作上之界限、運用容許範圍等）
- ・正常操作及緊急故障時之操作
- ・各系統（操縱裝置及引擎等概要及其操作方法）
- ・性能（起降所需的距離等性能資訊）
- ・飛機的重量及平衡等相關事項

航線規定（RM: Route Manual）

各國發行的航線規定手冊，其中記錄了：

- ・機場概要（跑道、跑道長度、停機坪等等）
- ・出發的飛行路線（標準儀表出發方式）
- ・抵達的飛行路線（標準到達路線）
- ・航空保安設施及通信設施的狀態

此外，還有關於飛機的臨時資訊、用於審查的實施要領、訓練等資料，若排列開來，可能會超過1m。不僅如此，這些規程類的文件必須不斷確保為最新資料，這些維護管理的工作，對於飛行員來說是相當重要的行前準備工作。

1-02 會議開始

　　飛行員會在出發時刻前一小時到一個半小時左右，會帶著裝有最新的飛航手冊的航程事務包及備有航程過夜用衣物的行李包，前往會議地點。

　　一般而言，同部門的同事會在同一間辦公室裡各自辦公，而飛行員則並非每次航程都與固定的機組人員配合。即使今天是同一航線，也不表示明天還會一起飛航。因此飛行員會配合出發時刻安排會議時間，在各自的集合地點開始行前簡報。行前簡報只要有一點的耽擱，就可能會影響到出發時刻，因此每次都必須做好萬全的準備。很多飛行員會特地比會議時間提早一點到達，先行利用電腦確認當天的天氣狀況。

　　在會議地點，航務簽派員（Dispatcher）會事先準備該次航行所需要的所有文件。航務簽派員主要是負責製作飛行計畫並分析航行所必需的資訊以妥善管理飛航的安全與效率，不但應具備飛機航行及航空氣象等專業知識，也必須取得國家資格。如果機長（Captain）或航務簽派員其中之一不同意該次的飛行計畫，則該航班就無法如期飛航。

　　航空業界普遍稱作「Dispatch Briefing」的簡報內容，包含了出發地、航線、目的地的天候狀況、航空情報、飛行路線、搭載燃料的量、替代機場（當無法順利降落原目的地機場時的替代機場）、飛機重量及平衡等與該次航行相關的一切事項。

▶ 會議開始

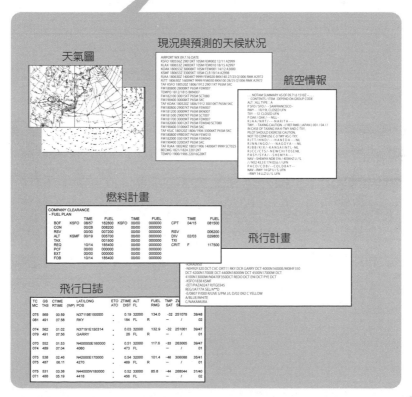

行前簡報總是從天候確認展開序幕。目的地如果是視線不良的壞天氣就不用說了，即使是晴朗穩定的好天氣，也絕對不能省略確認出發地與目的地天氣的環節。主因就是飛機必須迎風起降。因此，在會議中審視天候、說明風向資訊時，不會出現類似「稍強的南風」這種含糊的用詞，而會以「風向為120°方向、風速為10m」這種精準的方式說明。

　　這也許跟屋頂上的風向雞沒有什麼關係，但真正的鳥群總是順著風的方向排成一列停留在電線或是港邊的防波堤上。這不僅是因為比較容易站得穩，迎著風站立，在要飛起來的時候，也會相對較為輕鬆。飛機也是一樣的原理。不管是起飛或是降落，迎著風就能夠有效減少滑行所需的距離。

　　當因為風向的關係使得跑道必須調整時，在出發地的機場，要指引飛機開往跑道的滑行道順序就會不同，出發路線也會有大幅差異。在目的地機場，因為使用的跑道不同而將使得抵達路線跟著改變，高度下降的時間點及應減速的時間點也會有所不同，當然，燃料的消耗量也一定會受到影響。

　　天候調查並不僅止於出發地及目的地。當無法在預定目的地降落時的替代機場天候，或更慎重的，飛航途中所有機場的天候，都在確認的範圍。此外，航線上的天候狀況、選擇盡可能不會造成飛機搖晃的路線及高度、還有與起降的需求恰恰相反，對於在空中飛行較有利的強勁順風、或是微微的逆風等所需的路線及高度，也都在審查選定的範圍。

▶ 跑道的名稱

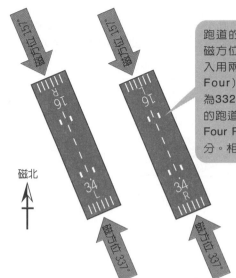

跑道的編號，是以磁方位為基準編製的。以磁方位337°為例，以10度為單位，四捨五入用兩位數命名，則編號為34（稱為Three-Four）。東京羽田機場的舊跑道，其磁方位為332°，因此編號為33。當同時有兩條平行的跑道時，為了避免混淆，就以34R（Three-Four Right）和34L（Three-Four Left）做為區分。相反方向的跑道，則分別為16R、16L。

磁北

▶ 起飛和降落要利用逆風

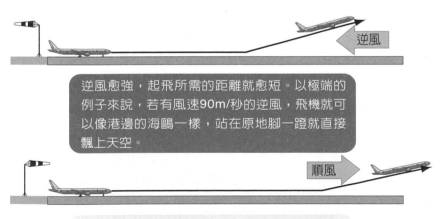

逆風

逆風愈強，起飛所需的距離就愈短。以極端的例子來說，若有風速90m/秒的逆風，飛機就可以像港邊的海鷗一樣，站在原地腳一蹬就直接飄上天空。

順風

順風所需的起飛距離會較長。即使順風風速僅有5m/秒（或7m/秒），飛機就會被禁止起飛。當然，若出現這樣的狀況，會採用相反側跑道起飛的方式應對。降落也是同樣的道理。

確認航空情報
必須在飛行前確認最新情報！

　　飛機是不允許在天空中或機場內自由移動的。從起飛到航線之間的離場路線，或是離開航線前往目的地機場之間的進場路線等，這些在天空中的情況，不用多作說明大家就都能理解飛機應聽從指示飛行；然而實際上，從引擎啓動滑行到跑道，或是著陸後到出口閘道之間，即使是在地面上路線，飛機也不被允許任意滑行。

　　這是因爲空中無法設置像單行道般的交通號誌或引導號誌。取而代之的是各國航運相關業皆通用，目的是爲了能夠安全完成每一次飛行最重要的航空資訊。其中，彙整了航空圖等必須永久保存的飛航指南，會被歸檔於飛行員的航線規定中。然而，不論飛行員如何仔細地更新手邊資料爲最新資訊，仍無法掌握所有可能發生的狀況。

　　舉例來說，假設數天前導航系統（飛行時，利用電波傳送飛機位置或方位等相關資訊的電子設施，原文爲Navigation Aid，簡稱爲Navaid）因爲雷擊而受損，使得離場路線必須變更的狀況、滑行道有部分關閉、又或者因爲發射火箭使得飛行區域受限等臨時的緊急資訊，都必須要飛行當天才得以確認。匯集這些所有臨時資訊的，就稱爲飛航公告（NOTAM: Notice To AirMen）。

　　順帶一提，Route是飛機應飛行的路線，稱爲航路；而飛機巡航所使用的路線，則稱爲航線；Course則是飛行路線的方位，主要爲磁方位。

▶ 飛航指南的實例

吹南風時的飛行路線（羽田機場）

抵達航班
往千歲
起飛航班
羽田機場
使用跑道
16、22、23
往大阪
起飛航班
南風

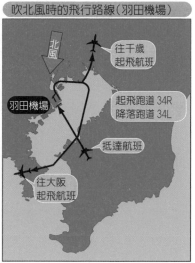

吹北風時的飛行路線（羽田機場）

北風
往千歲
起飛航班
羽田機場
起飛跑道 34R
降落跑道 34L
抵達航班
往大阪
起飛航班

▶ 飛航公告的實例

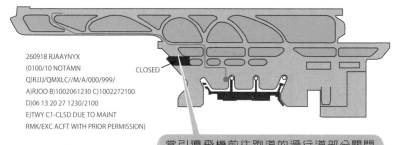

260918 RJAAYNYX
(0100/10 NOTAMN
Q)RJJJ/QMXLC//M/A/000/999/
A)RJOO B)1002061230 C)1002272100
D)06 13 20 27 1230/2100
E)TWY C1-CLSD DUE TO MAINT
RMK/EXC ACFT WITH PRIOR PERMISSION)

CLOSED

當引導飛機前往跑道的滑行道部分關閉時，飛機必須以和平常不同的順序在地面滑行至跑道。航務簽派員在飛航公告中，利用機場概要圖將關閉的部分作記號，使會議成員更容易理解。

從天候調查到所有航空資訊，可以確認飛行區域的限制以及亂流的狀況，進而選定一個能夠提供旅客安全且舒適的飛行路線、飛行高度，及飛行速度。此外，還有一個更重要的資訊，就是提供給該航班飛行員的即時訊息：例如「38（飛行高度38,000英呎）會造成激烈搖晃，若降到36則較爲平順。」這樣的即時資訊，提供飛行員在選擇飛行高度時的一個參考依據。

而重要性僅次於安全、舒適的，就是效率了。所謂有效率地飛行，就是以一個能夠節省燃料的飛行高度、路線，及速度來飛行，可想而知其重要性當然不在話下。影響燃料消耗多少的主要因素，就是空中的風。雖然對於起飛及降落而言，迎風是較爲有利的，然而當飛機已到達上空，迎風就變成不利因素，反而是順風飛行的效率較好了。以下一頁的上圖爲例，冬天從羽田機場往福岡的飛行路線中，因爲噴射氣流會迎面而來，因此改選擇風勢較弱的低空飛行以節省燃料。

此外，每架飛機所搭載的燃料份量不能只足夠到達預定目的地。每次飛行都必須考量到無法降落在原定目的地的可能，因此必須額外搭載可能要飛向其他機場所需的替代燃料、當無法在預定高度及速度飛行時所需的補正燃料、可於空中待機的燃料，及在地面上滑行所需的燃料。

因此，不同的機種，其搭載燃料的總量也會天差地遠。若以波音B777與B747來作比較，在相同的載客人數下，飛到紐約所需要的燃料就差了約200桶。

▶ 因為風影響了燃料費用的多寡

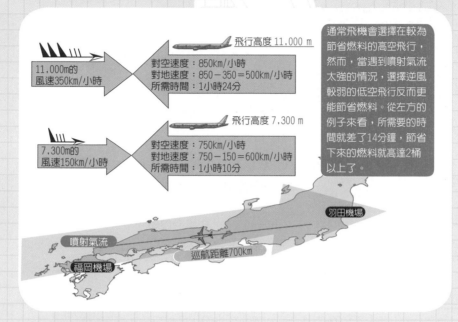

11,000m的
風速350km/小時

飛行高度11,000 m
對空速度：850km/小時
對地速度：850－350＝500km/小時
所需時間：1小時24分

7,300m的
風速150km/小時

飛行高度7,300 m
對空速度：750km/小時
對地速度：750－150＝600km/小時
所需時間：1小時10分

通常飛機會選擇在較為節省燃料的高空飛行，然而，當遇到噴射氣流太強的情況，選擇逆風較弱的低空飛行反而更能節省燃料。從左方的例子來看，所需要的時間就差了14分鐘，節省下來的燃料就高達2桶以上了。

噴射氣流

巡航距離700km

羽田機場

福岡機場

▶ 飛機的機種也會決定燃料費用

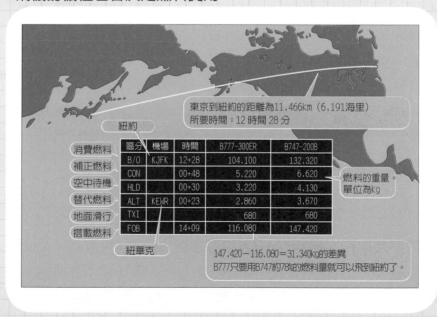

東京到紐約的距離為11,466km（6,191海里）
所要時間：12 時間 28 分

紐約

	區分	機場	時間	B777-300ER	B747-200B
消費燃料	B/O	KJFK	12+28	104,100	132,320
補正燃料	CON		00+48	5,220	6,620
空中待機	HLD		00+30	3,220	4,130
替代燃料	ALT	KEWR	00+23	2,860	3,670
地面滑行	TXI			680	680
搭載燃料	FOB		14+09	116,080	147,420

燃料的重量
單位為kg

紐華克

147,420－116,080＝31,340kg的差異
B777只要用B747約78%的燃料量就可以飛到紐約了。

飛機有多重？
有好幾個不同種類的重量！

　　讓我們先確認飛機的重量到底有哪些種類。首先，飛機最重的重量，稱作最大滑行重量。如下頁圖示，最大起飛重量（可以起飛的最大重量）與最大滑行重量相比，還遠遠差了1～2噸。即使在停機坪時的飛機重量超過最大起飛重量，只要在起飛前消耗掉1噸的燃料，飛機重量就會降到低於最大起飛重量了；也就是說，若能有效運用在地面上滑行所需消耗的燃料，就可以多裝1噸重的旅客或是貨物了。

　　最大起飛重量是能夠同時滿足飛機強度及能力（構造及性能上的能力）的最大重量。舉例來說，當準備起飛時引擎發生故障，必須緊急煞車以中止起飛程序，此時能夠使機輪等相關部位在不受到損害的狀況下安全停止的最大重量；又或是即使繼續起飛，其他未故障的引擎能夠排除障礙而順利起飛的最大重量，就是最大起飛重量。而為了能有效降低航運成本，有時還會特意降低最大起飛重量的設定。

　　其次就是最大降落重量。這，不僅僅只是飛機在構造上能夠安全降落的最大重量，在飛機發生降落中止而需重新爬升（重飛），卻又遇到引擎發生故障的狀況下，也要能夠有把握讓飛機順利爬升的重量，也就是性能上的最大重量。

　　最後是最大零燃料重量。指的是飛機除了燃料以外，可搭載旅客及貨物的最大載重量。因為機翼中的燃料會漸漸減少，能夠與飛機升力抵銷的重力就會愈弱，加諸於機翼根部的力量就會愈大，這樣的力量，會在機翼中的燃料消耗殆盡時達到最大值。而在這樣的狀態下，機翼的強度也能保有不致被破壞所能裝載的最大重量，就稱為最大零燃料重量。

▶ A380 vs B747

空中巴士A380　　　　　　波音B747

飛機重量的種類	空中巴士A380	波音B747
最大滑行重量	562公噸	397公噸
最大起飛重量	560公噸	396公噸
最大降落重量	386公噸	285公噸
最大無燃料重量	361公噸	246公噸
標準的最大搭載量	85公噸	67公噸

重　↑　輕

＊此為標準重量。實際會因機種系列不同而有差異。

▶ A330 vs B777

空中巴士A330　　　　　　波音B777

飛機重量的種類	空中巴士A330	波音B777
最大滑行重量	231公噸	231公噸
最大起飛重量	230公噸	230公噸
最大降落重量	182公噸	200公噸
最大無燃料重量	170公噸	190公噸
標準的最大搭載量	50公噸	55公噸

重　↑　輕

＊此為標準重量。實際會因機種系列不同而有差異。

航空公司必須要收費才能提供旅客及貨物運送服務。因此，我們應該先區分「可運送的重量」和「為了提供運送服務所無法省略的基本重量」這兩者之間的差別。將「可運送重量」，也就是酬載量（獲利）提升到最高，可以說是訂定航運計畫的最大目標之一。

　　為了提供運送服務所需的基本重量，包括了飛機本體重量、救生衣等緊急逃生裝備、機組員及其行李、服務旅客所用的物品等等，這些的加總就稱為航運重量。從下一頁的圖中我們可以了解，最大酬載量其實就是最大零燃料重量減掉航運重量所得到的值。最大酬載量大約為最大起飛重量的20%左右，在飛機規格表上所記載的Payload即為此值。

　　因為國內線與國際線的座位分配、機組員規模、服務旅客所用之物品有很大的不同，即使是相同機種，國際線客機的重量會一定會重很多。因此通常國際線客機的最大零燃料重量及最大降落重量的值都會設定較大。而貨機因為不需要座位及服務用品，因此其航運重量可以大幅減少，酬載量也能達到旅客機的好幾倍。

　　然而，如果酬載量加上搭載的燃料超過最大起飛重量，會使得飛機無法起飛；到達目的地時的重量若超過最大降落重量，則會使得飛機無法降落；此外，機場的跑道狀態與周邊的障礙物等因素，也可能會使起降所需控制的重量有所限制，因此，必須要審慎確認以上所有因素後，才能決定可安全起飛的最大重量。

▶ 飛機的重量

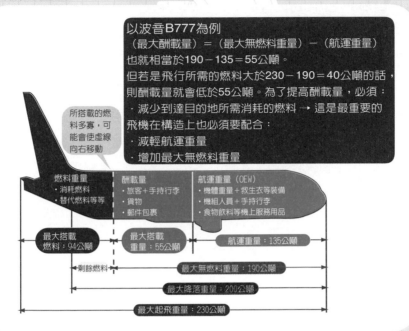

以波音B777為例
（最大酬載量）＝（最大無燃料重量）－（航運重量）
也就相當於190－135＝55公噸。
但若是飛行所需的燃料大於230－190＝40公噸的話，
則酬載量就會低於55公噸。為了提高酬載量，必須：
・減少到達目的地所需消耗的燃料 → 這是最重要的
飛機在構造上也必須要配合：
・減輕航運重量
・增加最大無燃料重量

所搭載的燃料多寡，可能會使虛線向右移動

燃料重量
・消耗燃料
・替代燃料等等

酬載量
・旅客＋手持行李
・貨物
・郵件包裹

航運重量（OEW）
・機體重量＋救生衣等裝備
・機組人員＋手持行李
・食物飲料等機上服務用品

最大搭載燃料：94公噸
最大搭載重量：55公噸
航運重量：135公噸
剩餘燃料
最大無燃料重量：190公噸
最大降落重量：200公噸
最大起飛重量：230公噸

▶ 確認可起飛重量

確認（可起飛重量）≦（最大無燃料重量）＋（搭載燃料）

若乘客座位及貨物皆為滿載狀態，要搭載足夠的燃料勢必會超過最大起飛重量而使飛機無法起飛。

確認（可起飛重量）≦（最大降落重量）＋（消耗的燃料）

即使已經到達目的地，但若超過最大降落重量仍無法降落。

確認（可起飛重量）≦ 機場（跑道長度、積雪、障礙物等）

即使飛機到達跑道，而跑道的狀態（長度不足、積雪等）仍可能導致起飛重量過重而無法起飛。

確認飛機平衡
載重平衡

　　不光只是重量，重心位置對飛行而言也有非常大的影響。當重心在飛機的後半段時，機首會受到向上的作用力，此時就得靠水平尾翼產生上升力來抵銷機首的作用力，進而維持飛機水平的狀態；相反的，當重心在前半段，水平尾翼也必須製造向下的力量以確保飛機平衡。不過，若重心太過偏於後方或前方，則可能會超出水平尾翼可控制的範圍，而使得飛機無法穩定飛行。

　　因此，航空業界透過稱為「Weight and Balance Manifest」的載重平衡表，達到同時管理飛機重量及重心位置的目的。重心位置稱為平均空氣動力弦（MAC），為計算平均空氣動力弦在通過機翼重心（幾何學的重心）線上多少%的位置，也就是所占平均空氣動力弦的比例。重心位置所允許的範圍非常狹窄，以波音B747來說，MAC約為13～33%；空中巴士的A380則約為29%～44%。

　　順帶一提，通常飛機對於體重的設定，乘客約64kg（國際線的乘客則設定為約73kg），飛行員（含手提行李）約77kg，機組員（含手提行李）約59kg。但若有如相撲選手般的運動員團體搭乘的話，則會事先確認體重或是實際量測其體重，再計算每個人從座位起算「體重×距離」的力距加總，以求得飛機整體的重心位置。因此，飛機都會規定即使有空的座位，在起飛前絕對不能任意更換位置。

▶ 重心位置在後方時

▶ 重心位置在前方時

▶ 重心位置在哪裡？

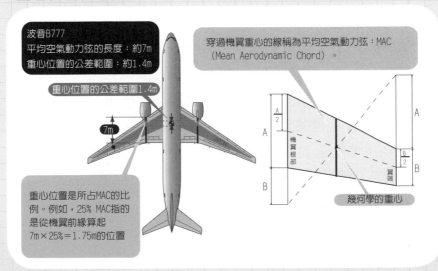

波音B777
平均空氣動力弦的長度：約7m
重心位置的公差範圍：約1.4m

穿過機翼重心的線稱為平均空氣動力弦：MAC
(Mean Aerodynamic Chord)。

重心位置的公差範圍1.4m

7m

重心位置是所占MAC的比
例。例如，25% MAC指的
是從機翼前緣算起
7m×25%＝1.75m的位置

機翼根部

幾何學的重心

翼端

飛行員攜帶著集合了天氣資訊、航空資訊、飛機重量、重心位置的載重平衡表，及整理了所有飛行計畫的飛航日誌，終於可以朝著已經在出發閘門另一端等候的飛機前進了。

　　此時飛機已經通過了機務人員縝密的行前點檢，隨時準備出發。機長會在機內與機務人員確認整備狀況、燃油及滑油的搭載量及其品質。以整備狀況的確認爲例，飛行員與機務人員以航空日誌（務必得隨機的飛行紀錄手冊）中所記載的內容爲基礎，即使只是更換電燈泡，都應針對其內容及更換原因進行最終確認。

　　接著，飛行員會開始進行機體外部的外觀檢查。執行操縱飛機業務的飛行員稱爲PF（Pilot Flying），而執行操作以外業務的飛行員則稱爲PNF（Pilot Not Flying）；有些飛機是由PF進行外觀檢查（如波音B777等），有些飛機則是由PNF進行外觀檢查（如空中巴士A330等）。

　　此外，不論是什麼機種，飛機基本上都是由主翼、機體、垂直尾翼、水平尾翼、起落裝置、引擎等部位組成。然而，改變機體姿態的活動操控舵面（可變式的小型機翼），其位置、數量等，則會因機種而異。例如，控制飛機左右傾斜的輔助翼，空中巴士A380設製了三個並排於機翼前端，波音B777則在機翼前端及機翼根部分別設置一個。

▶ 外部點檢

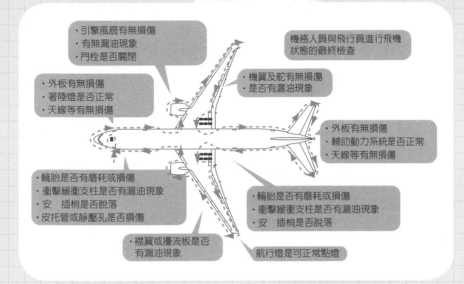

- 引擎風扇有無損傷
- 有無漏油現象
- 門栓是否關閉

機務人員與飛行員進行飛機狀態的最終檢查

- 機翼及舵有無損傷
- 是否有漏油現象

- 外板有無損傷
- 著陸燈是否正常
- 天線等有無損傷

- 外板有無損傷
- 輔助動力系統是否正常
- 天線等有無損傷

- 輪胎是否有磨耗或損傷
- 衝擊緩衝支柱是否有漏油現象
- 安　插梢是否脫落
- 皮托管或靜壓孔是否損傷

- 輪胎是否有磨耗或損傷
- 衝擊緩衝支柱是否有漏油現象
- 安　插梢是否脫落

- 襟翼或擾流板是否有漏油現象

航行燈是可正常點燈

▶ 機翼與各舵面的名稱及功能

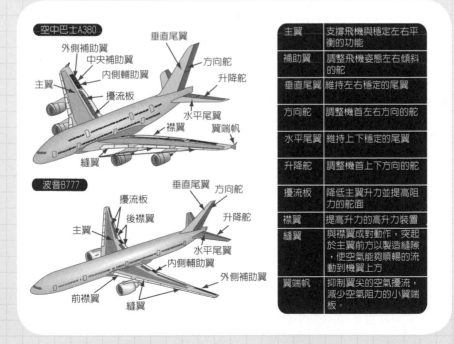

空中巴士A380
- 垂直尾翼
- 外側補助翼
- 中央補助翼
- 方向舵
- 內側輔助翼
- 升降舵
- 主翼
- 擾流板
- 水平尾翼
- 襟翼
- 翼端帆
- 縫翼

波音B777
- 垂直尾翼
- 擾流板
- 方向舵
- 後襟翼
- 升降舵
- 主翼
- 水平尾翼
- 內側輔助翼
- 前襟翼
- 外側補助翼
- 縫翼

主翼	支撐飛機與穩定左右平衡的功能
補助翼	調整飛機姿態左右傾斜的舵
垂直尾翼	維持左右穩定的尾翼
方向舵	調整機首左右方向的舵
水平尾翼	維持上下穩定的尾翼
升降舵	調整機首上下方向的舵
擾流板	降低主翼升力並提高阻力的舵面
襟翼	提高升力的高升力裝置
縫翼	與襟翼成對動作，突起於主翼前方以製造縫隙，使空氣能夠順暢的流動到機翼上方
翼端帆	抑制翼尖的空氣擾流，減少空氣阻力的小翼端板。

從候機室等待登機時，可以看到飛機為了行前準備，周圍被許多車輛包圍。拖拉機是運送貨櫃的車輛；貨櫃則會透過起重升降機裝入機體下方的貨物室；上完貨櫃後，貨物卡車會將手持行李同樣搬運到貨物室裝載；食物飲料等客服用品會由客艙服務車從飛機左側最後方的出入口，或是右側最前方的出入口進行裝載；停在機翼下方的則是燃料加油車；最後是與飛機前輪相連結的牽引車，等到一切就緒後將飛機後推（推至滑行道）。

　　飛機正在進行行前準備的同時，在客艙中，飛行員與機組人員也會進行簡報。同一航班的機組全體人員都共享資訊，對於完成一趟安全、舒適又有效率的飛行，是最重要的事。簡報的內容，除了飛行航線、高度、花費時間、替代機場及其所需時間、亂流等航行相關的全盤狀況，包括滅火器等客艙內裝置的緊急裝備和發生緊急狀況時的對應方法確認也不容忽視。

　　如果發生火災等緊急狀況，機內所有人員都必須在90秒內逃離飛機（90秒規則）。因此通常飛機所有的機艙門，包括出入口，都會設置逃生滑梯。一旦遇到緊急狀況機門開啟，自動逃生滑梯會在10秒內膨脹並滑降到地面。當登機完畢機門關閉後，機內會廣播「機艙門模式設定請準備就緒」，其實就是指示負責各機艙門的機組人員設定自動彈出逃生滑梯裝置。

▶ 飛機的行前準備

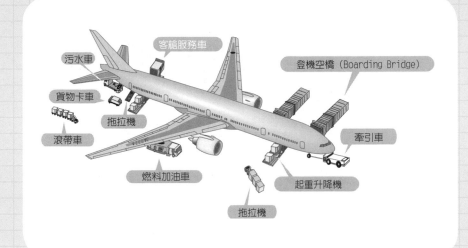

▶ 90秒規則

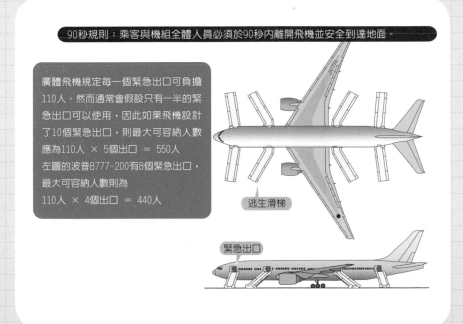

90秒規則：乘客與機組全體人員必須於90秒內離開飛機並安全到達地面。

廣體飛機規定每一個緊急出口可負擔
110人。然而通常會假設只有一半的緊
急出口可以使用，因此如果飛機設計
了10個緊急出口，則最大可容納人數
應為110人 × 5個出口 ＝ 550人
左圖的波音B777-200有8個緊急出口，
最大可容納人數則為
110人 × 4個出口 ＝ 440人

逃生滑梯

緊急出口

1-11 喚醒飛機的頭腦
正確地輸入停機位置的經緯度

出發前的準備流程雖然多少會有些前後差異，但通常，擔任操縱工作的飛行員PF檢查飛機外觀時，負責操縱飛機以外的PNF就會開始檢查駕駛艙。

首先，會先確認隨機必備的文件。除了航空日誌之外，還包含了飛機登錄證明、適航證明書、性能限制等指定文件及無線通訊執照等。其次是滅火器、防火‧防煙面具、防火袋、救生衣等駕駛艙內的緊急裝備也必須一一確認。這其實就跟開車時，車上一定要備有駕駛執照、保險證明等文件，和當拋錨時不可或缺的三角錐等配備是一樣的道理。

以上文件及裝備確認完成後，就必須在飛機的腦部，也就是飛行管理系統中，輸入目前停機的出口閘道正確經緯度。這個動作的最大功用就是能確保飛機能夠正確的飛往目的地（稍後有更詳細說明）。

在這裡要跟各位讀者澄清，PF未必就是機長。PF指的是負責操作飛機的飛行員，有的航班可能會有不只一個機長。身為機長，同時又負責指揮監督所有該航班機組人員的，稱作PIC（Pilot in command）。PIC並非一定由較資深的機長擔任，較資淺的機長也是有機會擔任PIC。航空法中有規定，PIC必須在出發前仔細確認飛機的狀況、起飛重量、降落重量、重心位置與重量分布、航空資訊，及該次航行的天氣狀況、燃料與燃油等等的搭載量及其品質，還有裝載物的安全性。

▶ **飛機獨立的頭腦**

FMS CDU

在飛機開始動作以前，應將飛機目前停放的位置（經緯度）輸入FMS CDU（飛行管理系統面板Flight Management System Control Display Unit）以確保飛機能夠正確的飛往目的地。

飛行管理系統（FMS）是利用電腦處理飛航路線及飛機性能等資料庫，來表示飛機姿態、預定飛行路線、推力設定值等，並計算出自動操縱、自動導航、推力控制、及經濟速度等參考值，管理整趟飛行的裝置。

▶ **機長在出發前必須確認的事項**

隨機文件

・飛機登錄證明書：
購買飛機時必須進行登錄申請，登錄完成後，會在原登錄申請書上記載國籍編號、登錄編號等資訊。

・適航證明書及性能限制等指定文件：
依據法令規範，若該飛機的強度、構造、性能有效符合規定，即發予適航證明書及性能限制等指定文件，以確認該飛機的用途（航運業用等等）及性能範圍（最大起飛重量等等）。

・隨機用航空日誌：
每次飛航都必須準備航空日誌，內容記載了乘客名單、起降時刻等飛航相關事項、燃油量、及飛機狀況等。

・其他文件：
飛行規程（或飛機使用規程）、無線通訊執照等。

出發前機長必須確認的事項

・飛機狀況
・起飛重量
・降落重量、重心位置與重量分布
・航空資訊
・天氣狀況
・燃料與燃油等等的搭載量及其品質
・裝載物的安全性。

PIC（Pilot In Command）
負責指揮航運及安全的飛行員

PF（Pilot Flying）
執行飛機操縱的飛行員

PNF（Pilot Not Flying）
執行飛機操縱以外業務的飛行員

飛機的姿勢與陀螺儀的關係
利用永遠都會指向宇宙中某一點的常理

　　前一頁我們提到了「輸入目前所停放的出口閘道之正確經緯度，能確保飛機正確地飛往目的地」，這到底是什麼意思呢？

　　先讓我們回到19世紀半。透過「傅科擺」證明地球自轉的法國學者李昂・傅科，他利用「轉動中陀螺的中心軸一定會不停的指向宇宙的一點」這個性質，證明了地球自轉。這個利用如陀螺般裝置的「陀螺儀」（Gyroscope），Gyro在義大利文中，是「回轉」的意思；而Scope則是「觀察」的意思，觀察地球回轉的裝置，也就是這個名稱的由來。不過現在大多簡稱為Gyro。

　　飛機從很早以前就開始運用陀螺儀的特性。將陀螺儀的軸心垂直（VG: Vertical Gyro）時，不論飛機如何左右傾斜或是上下移動，它的軸心只會不斷的指向同一點，因此透過點的變化可以得知飛機的角度。若軸心轉為與前進方向平行（DG: Directional Gyro），就可以知道飛機飛行的方向。

　　然而，即使飛機會移動，地球會自轉，軸心仍會偏離地球的中心或是正北。因此我們必須控制VG的軸心對著地球中心，並控制DG的軸心對準正北。有些人會使用機械式的磁石對準正北，而目前則以利用檢測現在位置及地球自轉，再利用電腦計算出水平及正北的方式為主流。

　　控制陀螺儀軸心指向一定的方向稱為自主控制，在飛機完成自主控制之前絕對不能移動飛機的位置。

▶ 觀察自轉的陀螺（陀螺儀）

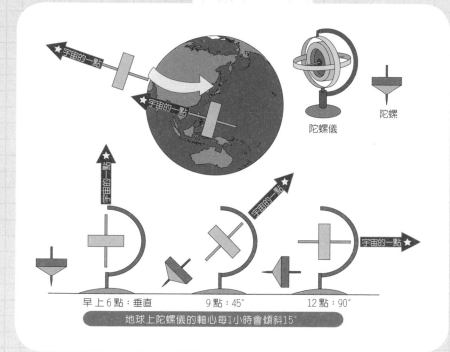

陀螺儀

陀螺

早上6點：垂直　　　9點：45°　　　12點：90°

地球上陀螺儀的軸心每1小時會傾斜15°

▶ 飛機的姿態與陀螺儀

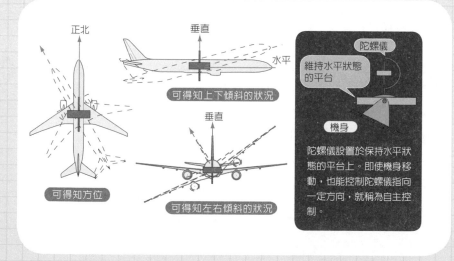

正北

垂直

水平

可得知上下傾斜的狀況

可得知方位

垂直

可得知左右傾斜的狀況

陀螺儀

維持水平狀態
的平台

機身

陀螺儀設置於保持水平狀態的平台上。即使機身移動，也能控制陀螺儀指向一定方向，就稱為自主控制。

飛行員的制服有何功用？

　　一般公司的上班族，裝扮大多是西裝領帶，若沒有交換名片，是不可能看得出來那些人的職務或職稱。在這裡，只要穿著制服，不需要交換名片，也能一眼就看出對方的職務。航空界的飛行員、機務人員、客艙機組員，每個職務各有代表其職務的制服。

　　以飛行員來說，外套兩袖的袖口上方有四環金色繡線的是機長，三環金色繡線的則是副機長。機長有指揮安全航運的權力及義務，也稱為PIC（Pilot in command）。會設計這樣的制服差異，也可以說是為了能明確的指出指揮這趟飛行的負責人吧。

　　另一個制服很重要的功用，就是在發生緊急事故時可以圓滑的引導乘客。當緊急事故發生時，機艙內一定會呈現相當混亂的狀態，穿著眾所皆知飛行員及機組成員制服的人向乘客解說現況的效果，必定比一個穿著和一般民眾無異的人對乘客說明來得有說服力和安定的力量。也因此，不僅僅是外套，襯衫上面有肩章或是胸前別著飛行翼章，也都算是有制服的效果了。

機長肩章　　　　　副機長肩章

在駕駛艙不需要穿著制服外套，但仍會在襯衫上繡有肩章，並在胸前別上飛行翼章。

飛行翼章

第2章

引擎啓動～Engine Start

當我們終於找到位置坐下時，

駕駛艙那一頭在進行著什麼步驟呢？

接著我們會聽到引擎啓動的聲音，飛機又是如何啓動的呢？

2-01 駕駛艙長什麼樣子？
電子式綜合儀表板是什麼？

　　在準備出發前，讓我們先看看駕駛艙裡的儀表板及配置了許多控制鈕與控制旋鈕的面板（儀表板）名稱吧。

　　駕駛艙中的固定座椅有兩個，通常左邊的座位是機長，右邊的座位是副機長；另外還有兩個活動式的摺椅，是供審查、訓練、或提供航空公司人員業務移動時的搭乘（Deadhead），總共有四個座位（空中巴士A380則設計了五個座位）。大多數的飛機儀表板則如下一頁的圖示，將稱為EFIS（電子飛行資訊系統）的電子式綜合儀表板分別在左、右、及中央各配置了2個，合計6個。EFIS不僅僅只會顯示各種量測數值，也能夠顯示文字或圖示資訊，就像是電視頻道一樣可以自由切換。

　　涵蓋了飛行速度、姿態、高度、方位等飛行時最重要的訊息資料，會顯示在設置於飛行員正前方的PFD上。PFD的旁邊是ND，主要顯示與飛行路線相關的飛航資訊；飛機的引擎、起落架等作動狀態則會顯示在中央的ECAM E/WD（EICAS）；其他裝置的狀態則會顯示在EICAS下方的ECAM SD（MFD）上。

　　飛行員在飛行途中最頻繁操作的面板，是控制自動駕駛系統的FCU（MCP）；而可將資訊輸入稱為飛機頭腦的飛行管理系統FMS的CDU也是非常重要的裝置之一。

▶ 空中巴士A330的駕駛艙

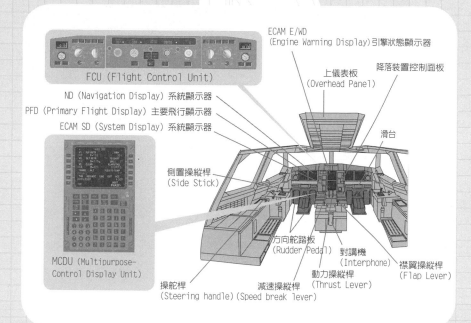

FCU (Flight Control Unit)

ECAM E/WD
(Engine Warning Display)引擎狀態顯示器

上儀表板
(Overhead Panel)

降落裝置控制面板

ND (Navigation Display) 系統顯示器
PFD (Primary Flight Display) 主要飛行顯示器
ECAM SD (System Display) 系統顯示器

滑台

側置操縱桿
(Side Stick)

MCDU (Multipurpose-
Control Display Unit)

方向舵踏板
(Rudder Pedal)

對講機
(Interphone)

襟翼操縱桿
(Flap Lever)

操舵桿
(Steering handle)

減速操縱桿
(Speed break lever)

動力操縱桿
(Thrust Lever)

▶ 波音B777的駕駛艙

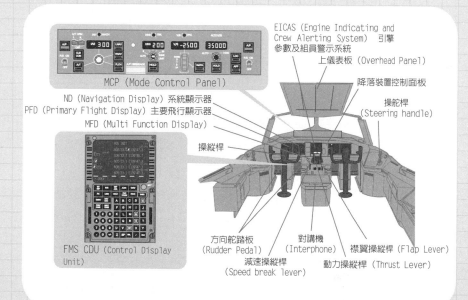

MCP (Mode Control Panel)

EICAS (Engine Indicating and
Crew Alerting System) 引擎
參數及組員警示系統

上儀表板 (Overhead Panel)

降落裝置控制面板

ND (Navigation Display) 系統顯示器
PFD (Primary Flight Display) 主要飛行顯示器
MFD (Multi Function Display)

操舵桿
(Steering handle)

操縱桿

FMS CDU (Control Display
Unit)

方向舵踏板
(Rudder Pedal)

對講機
(Interphone)

襟翼操縱桿 (Flap Lever)

減速操縱桿
(Speed break lever)

動力操縱桿 (Thrust Lever)

當機長完成航運所需的所有準備後，乘客就可以開始登機了。通常登機時間是出發時間的15～20分鐘前，因此飛行員會在出發前1小時以前集合，進行約40分鐘的航務簽派員簡報、飛機狀況確認、飛機外部點檢、及客艙機組人員簡報等事項。

在旅客登機的同時，機長與副機長也會陸續進入駕駛艙。對於駕駛艙的行前點檢，機務人員已經提前完成縝密的檢查，而飛機外觀的檢查，則須同時透過駕駛員及機務人員這兩個不同觀察的角度來進行確認。而儀表板的出發前檢查與設定順序及範圍，則如下一頁的圖示，左右座位所負責的部分各有不同。這其實就像外部點檢時安排兩方進行檢查，是為了能避免任何遺漏的目的，規定左右座位負責的範圍及順序也有其特別目的，就是為了避免儀表設定時會產生互相干擾的狀況。

出發前的儀表板設定是為了能夠使飛機各裝置的引擎啟動、起飛、爬升、巡航等，都能在安全的狀態下完成。例如，即使已將引擎啟動，為了安全考量，還必須確認引擎火災滅火裝置按鈕是關著的、引擎加速裝置的動力操縱桿是在最小位置、燃料栓是關閉的且燃料並無外漏等狀態。

此外，必須將與飛行計畫相符的標準離場方式（為了起飛後飛機能夠有秩序上升所設定的飛行路線）及到目的地的飛行路線透過CDU輸入，並確認顯示飛行資訊的ND上已經顯示該飛行路線了。

▶ 駕駛艙的出發準備

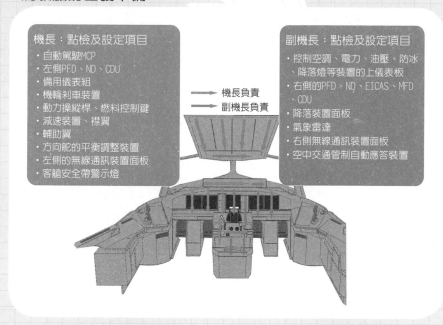

機長：點檢及設定項目
· 自動駕駛MCP
· 左側PFD、ND、CDU
· 備用儀表組
· 機輪剎車裝置
· 動力操縱桿、燃料控制鍵
· 減速裝置、襟翼
· 輔助翼
· 方向舵的平衡調整裝置
· 左側的無線通訊裝置面板
· 客艙安全帶警示燈

➡ 機長負責
➡ 副機長負責

副機長：點檢及設定項目
· 控制空調、電力、油壓、防冰、降落燈等裝置的上儀表板
· 右側的PFD、ND、EICAS、MFD、CDU
· 降落裝置面板
· 氣象雷達
· 右側無線通訊裝置面板
· 空中交通管制自動應答裝置

▶ 飛行路線的選擇

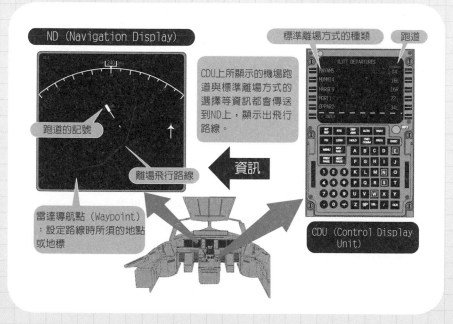

ND (Navigation Display)

跑道的記號

離場飛行路線

雷達導航點（Waypoint）：設定路線時所須的地點或地標

資訊

CDU上所顯示的機場跑道與標準離場方式的選擇等資訊都會傳送到ND上，顯示出飛行路線。

標準離場方式的種類　跑道

CDU (Control Display Unit)

2-03 出發前的5分鐘
什麼是起飛簡報？

　　儀表板設定完成後，就要進入行前檢查表。行前檢查表是協助飛行員階段性地確認飛機狀態的工具，所有的應檢查項目都會明確的列舉出來，可以逐一確認現階段的狀態是否會影響到下一個階段的引擎啟動。

　　接著，機務人員會在關閉登機門及貨艙門前5分鐘，通知「駕駛艙，這裡是航管，出發前5分鐘」。收到訊息的飛行員，會利用無線對講機向空中交通管制台（ATC: Air Traffic Control）提出飛行計畫（Flight Plan）的許可（Clearance）。而此時，利用乘客人數及貨物重量等資訊計算出來的飛機重量及平衡，也會透過ACARS這個資訊通訊裝置傳送到駕駛艙。附帶一提，無線裝置的操作我們會到最後一個章節再做說明。

　　將接收到關於飛機重量的資訊輸入CDU後，PFD會顯示起飛速度V_1、V_R、V_2。V_1是決定起飛速度，V_R是拉桿速度，V_2則是安全起飛的最低速度。一旦決定了起飛速度，擔任飛機操縱的飛行員PF就會立刻實施起飛簡報（Take off Briefing）。起飛簡報的內容包括了緊急狀況發生時的方針、應對方式、任務分配。例如，若發生速度到達V_1以前就必須終止起飛的狀況，應如何處置？或若已經超過V_1後的處理方法等等，都必須先行確認。

▶ 一旦輸入飛機重量

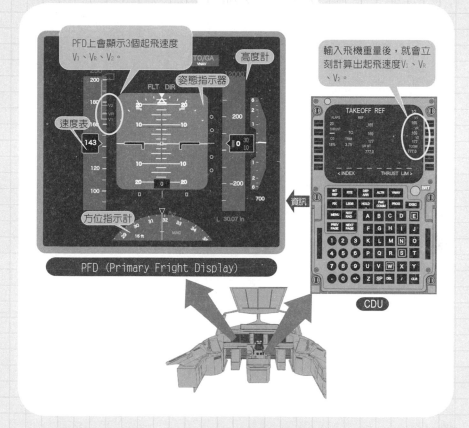

PFD上會顯示3個起飛速度 V₁、V_R、V₂。

輸入飛機重量後,就會立刻計算出起飛速度V₁、V_R、V₂。

高度計

姿態指示器

速度表

方位指示計

資訊

PFD (Primary Fright Display)

CDU

▶ 3個起飛速度

V₁:決定起飛速度。決定要中止起飛、或是繼續起飛的臨界速度。

V_R:拉桿速度。可以揚起機首離開地面的速度。

V₂:安全起飛速度。飛機能夠安全爬升的最低速度。

噴射引擎與飛行儀器
飛行儀器的作用？

在這一章節，我們會簡單介紹幾個具代表性的噴射引擎飛行儀器。

噴射引擎是利用將吸入的空氣壓縮並施以熱能後，往後方噴射的原理，藉以產生向前的推力。按照進氣、壓縮、燃燒、排氣等程序進行的同時，每一個階段都有其專屬的監控儀器。

首先，最重要的儀器，是監控引擎是否過熱的EGT（排氣溫度計）。排氣溫度計可以測量氣流溫度，且於飛機啓動與起飛時都設有嚴格的限制值。其他還有如轉速器、燃料流量計、滑油的油量計、壓力計、溫度計、及引擎震動計等，每一種儀器都跟排氣溫度計一樣有其限制值，飛機操作規定中有規定應依據儀表板上的數值，適時的進行降低引擎出力或停止引擎運轉等操作。

此外，開車的時候，即使我們在不了解引擎最大出力的狀況下，也可以爬坡；但如果不知道飛機最大推力的話，可不能輕易航行。飛機必須透過推力，來換算起飛所必須的距離，也能做爲飛行時是否能眞正發揮足夠推力的判斷依據。不過很遺憾，並沒有能夠實際測量飛機推力的量測器，取而代之的，是利用風扇與低壓壓縮機回轉的N1計來推測推力大小，和能夠顯示引擎壓縮程度的EPR（發動機壓縮比）計。

▶ 引擎的內部

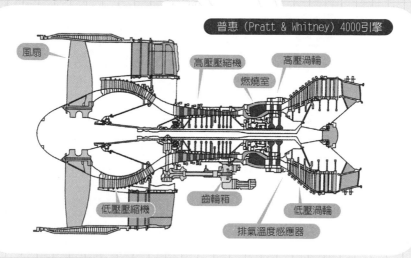

普惠（Pratt & Whitney）4000引擎

風扇
高壓壓縮機
高壓渦輪
燃燒室
齒輪箱
低壓壓縮機
低壓渦輪
排氣溫度感應器

▶ 引擎量測儀

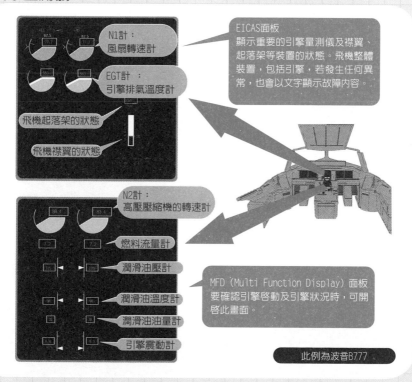

N1計：
風扇轉速計

EGT計：
引擎排氣溫度計

飛機起落架的狀態

飛機襟翼的狀態

N2計：
高壓壓縮機的轉速計

燃料流量計

潤滑油壓計

潤滑油溫度計

潤滑油油量計

引擎震動計

EICAS面板
顯示重要的引擎量測儀及襟翼、起落架等裝置的狀態。飛機整體裝置，包括引擎，若發生任何異常，也會以文字顯示故障內容。

MFD（Multi Function Display）面板
要確認引擎啓動及引擎狀況時，可開啓此畫面。

此例為波音B777

2-05 引擎啓動的準備
利用壓縮空氣

　　當所有的艙門關閉，並得到塔台許可後，引擎就可以啓動。所謂引擎啓動指的是引擎從靜止狀態轉變爲穩定且最小回轉速的怠速狀態。不單只有噴射引擎，所有的引擎都無法瞬間燃燒燃料，在引擎可以獨立動作前，必須有手動裝置輔助。

　　如同汽車的電動馬達，飛機也有一個利用壓縮空氣回轉的小型輕量氣動馬達，稱爲氣體壓縮啓動器。汽車只需要電池就能夠啓動引擎；飛機則需要2氣壓以上的壓縮空氣驅動啓動器開始回轉，並需要交流電來啓動點火裝置。可以同時供給這兩個需求的，是稱爲APU（輔助動力系統）的裝置。對於必須壓縮空氣使之燃燒的渦輪噴射引擎而言，可以順暢供給壓縮空氣的APU是最好的夥伴。

　　啓動引擎所需的按鈕有2個（如下一頁圖示）。一個是控制進入啓動器的壓縮空氣流量的開關閥以及控制點火裝置的Engine Start Selector Switch；另一個則是控制燃料流量的Engine Master Switch（或稱爲Fuel Control Switch）。

　　另外，空中巴士A330是從第一引擎（左側）開始啓動，而波音B777則由右側引擎開始啓動。機輪煞車是透過油壓動作的，而其油壓裝置的加壓則透過引擎驅動馬達生成的，因此，與供給機輪煞車的油壓裝置馬達相連結的引擎會優先啓動。

▶引擎啓動的準備

防撞燈（Beacon Light）
・從引擎啓動到降落引擎停止為止都會打開

輔助動力系統（APU）
・電力（115 KVA）
・可產生壓縮空氣（2氣壓以上）出力使雙引擎飛機能夠在天空中自由翱翔

▶空中巴士A330

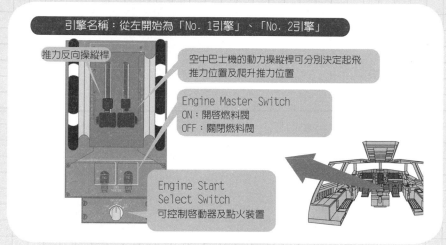

引擎名稱：從左開始為「No. 1引擎」、「No. 2引擎」

推力反向操縱桿

空中巴士機的動力操縱桿可分別決定起飛推力位置及爬升推力位置

Engine Master Switch
ON：開啓燃料閥
OFF：關閉燃料閥

Engine Start
Select Switch
可控制啓動器及點火裝置

▶波音B777

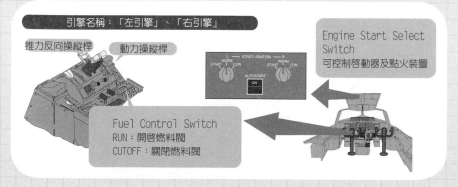

引擎名稱：「左引擎」、「右引擎」

推力反向操縱桿　　動力操縱桿

Engine Start Select Switch
可控制啓動器及點火裝置

Fuel Control Switch
RUN：開啓燃料閥
CUTOFF：關閉燃料閥

47

引擎啓動
到能夠獨立運作需要一些時間

　　終於可以啓動引擎了。「航管您好，這裡是駕駛艙，我們要開始啓動第一引擎了。」駕駛艙通知機務人員即將開始啓動引擎。當完成安全性確認的機務人員回覆「第一引擎啓動無障礙」後，就可以正式啓動引擎。在此，我們以空中巴士A330為例，進行說明。

　　請參考下一頁圖示。首先，將可以同時控制進入啓動器的壓縮空氣流量的啓動閥以及點火裝置的啓動旋鈕轉到啓動的位置；接著，將控制燃料流量的Master Switch轉至ON。如此一來，啓動閥會開啓，壓縮空氣也會開始流入啓動器。

　　因為啓動器會透過齒輪使高壓壓縮機開始轉動，因此，N3會開始轉動。當N3的轉速到了最大轉數的25～30%（約3,000轉），燃料流量計會顯示燃料已流入燃燒室，緊接著EGT就會急速上昇，就可得知開始燃燒。透過N1的顯示以及在駕駛艙所聽到的引擎聲音，飛行員可以很明顯的感覺到引擎自主回轉的強度漸漸增強。接著，N3到達50%（約1分鐘5,000轉）時，啓動閥關閉，點火裝置也會停止作動。接下來，N3會開始自主加速到63%（約1分鐘6,300轉）左右後趨於穩定，其他的所有儀器也會顯示到一定值後安定下來，正式完成引擎啓動。

　　相對於汽車僅僅需要數秒的時間就可以完成引擎啓動，進而進入怠速狀況約600轉，噴射引擎不論是啓動或是怠速都必須要10倍以上的時間。

▶引擎啓動

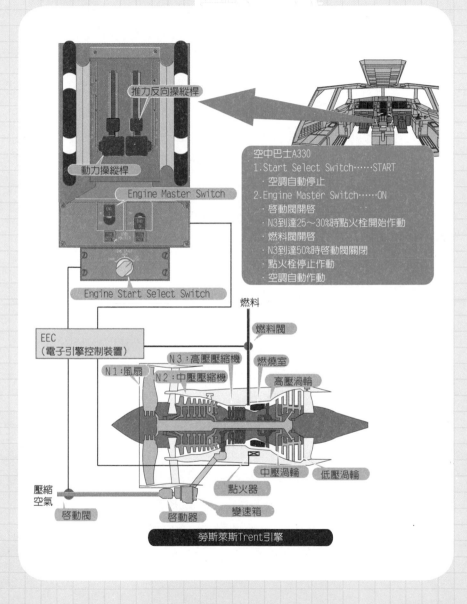

推力反向操縱桿

動力操縱桿

Engine Master Switch

Engine Start Select Switch

空中巴士A330
1.Start Select Switch……START
・空調自動停止
2.Engine Master Switch……ON
・啓動閥開啓
・N3到達25～30%時點火栓開始作動
・燃料閥開啓
・N3到達50%時啓動閥關閉
・點火栓停止作動
・空調自動作動

燃料

燃料閥

EEC
（電子引擎控制裝置）

N3：高壓壓縮機

燃燒室

N1：風扇

N2：中壓壓縮機

高壓渦輪

中壓渦輪

低壓渦輪

壓縮
空氣

啓動閥

啓動器

變速箱

點火器

勞斯萊斯Trent引擎

2-07 邁向跑道
襟翼就起飛位置

　　當駕駛艙傳來「地面管制員您好，引擎正常啟動，請卸除所有地面上的連結設備」的通知，機務人員就會將牽引車、輪檔、對講機等裝置從機體分離，並對駕駛艙豎起拇指表示OK的手勢。飛行員接到這個信號，並取得塔台的滑行許可，以手勢感謝地面航務人員的協助後，就開始滑向跑道。

　　當飛機開始移動，襟翼會立刻就起飛位置。操縱襟翼的控制桿，設有止動裝置，必須先將控制桿上提後才可移動，以避免被觸碰就輕易作動。

　　空中巴士A330的襟翼設有5個，而波音B777則有6個。分割這麼多個的原因，則是因為襟翼的體積大、重量重，要一口氣移動本來就非常困難，加上配合飛機的重量及跑道的長度，把襟翼設計在不同的位置，可以使起飛變得更舒適且有效率。

　　空中巴士A330襟翼控制桿的設定值1、2、3是用於起飛，3及FULL則是用來降落；波音B777則是以設定值15、20用來起飛，25、30用來降落。

　　雖然襟翼的角度愈大升力會愈大，但同時，空氣阻力也會愈大。因此，在起飛這種升力需求較大的狀況，會將襟翼角度調小；而希望盡可能減速的降落，則同時需要升力與空氣阻力，則會將襟翼角度調大。所謂性能好的飛機，應該就是能夠自由控制各種襟翼組合的飛機吧。

▶ **空中巴士A330的襟翼操縱桿**

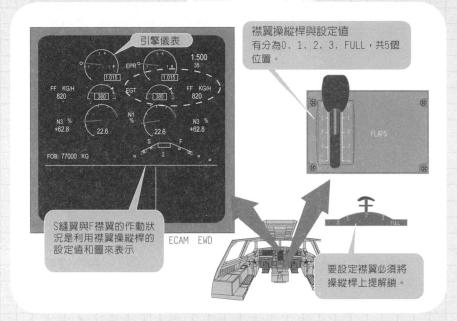

引擎儀表

襟翼操縱桿與設定值
有分為0，1，2，3，FULL，共5個
位置。

S縫翼與F襟翼的作動狀
況是利用襟翼操縱桿的
設定值和圖來表示

ECAM EWD

要設定襟翼必須將
操縱桿上提解鎖。

▶ **波音B777的襟翼操縱桿**

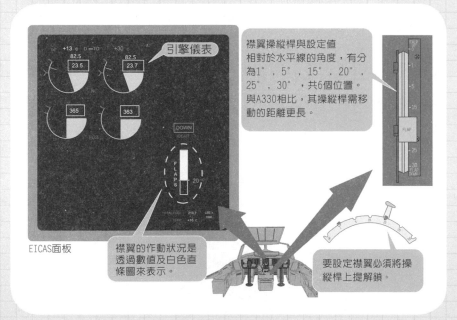

引擎儀表

襟翼操縱桿與設定值
相對於水平線的角度，有分
為1°，5°，15°，20°，
25°，30°，共6個位置。
與A330相比，其操縱桿需移
動的距離更長。

EICAS面板

襟翼的作動狀況是
透過數值及白色直
條圖來表示。

要設定襟翼必須將操
縱桿上提解鎖。

2-08 確認操縱裝置
翱翔於天際之前

　　起飛前最重要的確認項目是飛航控制確認。在翱翔於天際之前，必須確保飛機所有的翼、舵皆能有效作動。起飛後發生引擎的故障還可以解決，但若舵面發生問題，則不論起飛或降落都可能發生危險。因此，起飛前必定要進行飛機各操縱舵面的作動狀況。

　　讓飛機的各操縱舵面能有效作動的，是油壓裝置。油壓裝置就像將心臟的血液送到身體各部位，使肌肉能夠活動一般，利用幫浦的力量，配合各部位的需求，將作動液經由微小的輸送管傳送，使飛機的肌肉，也就是啓動器（Actuater）能夠活動的裝置。此外，雙引擎飛機在海洋上進行長距離飛行時，即使同時發生引擎和2組油壓裝置故障，都必須能維持正常飛行，因此通常雙引擎飛機都會配備3組以上的油壓裝置。

　　而具體來說，飛航控制確認到底是確認哪些事情呢？以空中巴士A330為例，將側置操縱桿向右扳動時，左方的輔助翼應下降，且右輔助翼及右翼的擾流板應上抬。若將側置操縱桿向身體側扳動，升降舵應上抬；踩下方向舵右側踏板，則方向舵應向右移動。同樣的道理，反方向操縱時，舵面的移動應該也要呈現相反方向。各舵面的動作都會顯示在SD（System Display）的畫面上。而波音777並非採用側置操縱桿而是採用傳統操縱桿，當移動座側座位的操縱桿時，右側座位的操縱桿也會一起連動。

▶ 油壓系統控制面板

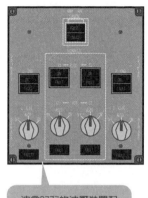

空中巴士A330的油壓裝置配備了綠、藍、紅三個系統。

波音B777的油壓裝置配有左、中央、及右三個系統。

當雙引擎飛機在海面上方航行時，必須遵循ETPOS規則。具體而言，假設180ETPOS規定，其意思就是該班機應該採用當引擎發生故障時，180分鐘內就可降落的航線飛行。這個規定並不僅僅是規範引擎，也同時意味著飛機應配備三組以上的油壓系統。A330的油壓裝置是綠、藍、紅三個系統；而B777的油壓裝置則有左、中央、及右三個系統

▶ 飛航控制確認

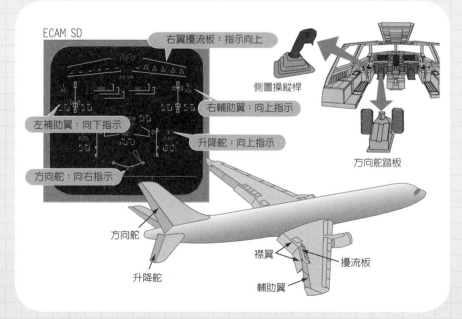

ECAM SD

右翼擾流板：指示向上

側置操縱桿

右輔助翼：向上指示

左補助翼：向下指示

升降舵：向上指示

方向舵：向右指示

方向舵踏板

方向舵

升降舵

襟翼

擾流板

輔助翼

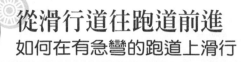
　　當駕駛艙完成起飛準備，客艙內的機組人員則開始進行出發前的準備及點檢工作，這包含了介紹緊急逃生設備、確認乘客是否繫上安全帶、座椅上的置物櫃是否關閉、手持行李是否放置在正確的位置、可調式座椅及桌子是否歸位、以及洗手間的安全檢查等等。當以上事項皆確認完成，客艙機組員會通知駕駛艙。此時，起飛的條件總算完備。

　　然而，飛機並不像汽車一樣是靠齒輪轉動輪胎進而移動的。噴射引擎是靠推力前進，輪胎只是單純的被帶動轉動而已。但是，飛機所行進的跑道比汽車所使用的道路更曲折，因此必須要設計比汽車更靈活的轉向系統。

　　飛機的轉向裝置和汽車的動力方向盤一樣，是利用油壓的力量驅動前輪轉向，其最大回轉角度可高達70°，因此足以對應急彎。全長12m的大型巴士，其回轉半徑約10m；而全長約74m，超過巴士6倍的波音B777-300，其回轉半徑則需56m。

　　此外，飛機的機輪煞車是透過踩下方向舵踏板作動的，若只採單側踏板，則僅有機輪會產生煞車力。因此如果在轉向時，利用內側車輪煞車，外側引擎稍加速的技巧，可以更有效地縮小回轉半徑。

▶ 需要多大的距離回轉？

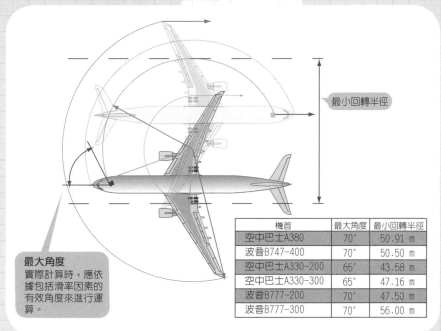

最小回轉半徑

最大角度
實際計算時，應依據包括滑率因素的有效角度來進行運算。

機首	最大角度	最小回轉半徑
空中巴士A380	70°	50.91 m
波音B747-400	70°	50.50 m
空中巴士A330-200	65°	43.58 m
空中巴士A330-300	65°	47.16 m
波音B777-200	70°	47.50 m
波音B777-300	70°	56.00 m

▶ 操舵桿

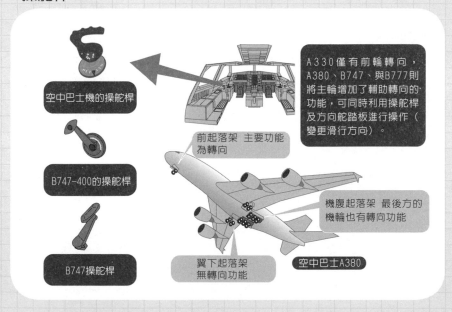

空中巴士機的操舵桿

B747-400的操舵桿

B747操舵桿

A330僅有前輪轉向，A380、B747、與B777則將主輪增加了輔助轉向的功能，可同時利用操舵桿及方向舵踏板進行操作（變更滑行方向）。

前起落架 主要功能為轉向

機腹起落架 最後方的機輪也有轉向功能

翼下起落架無轉向功能

空中巴士A380

這個章節讓我們一起確認從出發閘門到起飛之間,各個飛機燈應如何使用。首先,不僅僅在飛行中,即使在停機的狀態下也必須點燈的,是飛機的位置燈。位置燈是為了讓其他的飛機及作業用車輛可以知道該飛機翼尖及機尾的位置,左翼上的燈是紅色,右翼燈是綠色,翼尾的燈則是白色。從駕駛艙看到前方飛機的左側是綠燈,右側是紅燈的話,就可以判斷前方的飛機是朝著自己的方向飛行。

引擎啓動或是飛機移動的時候(也包括飛機由牽引車拖拉時)就會點燈的,是防撞燈。防撞燈是裝置在機體上下的紅色閃光燈,從著陸到進入抵達閘門間都必須點燈。另外還有在夜間飛航時,能夠照亮尾翼上航空公司標誌的標誌燈;夜間在地面上滑行時的滑行燈;在地面轉彎用的跑道轉向燈;還有在下雪的天候中飛行時,用來確認機翼或引擎是否覆蓋冰雪的機翼照明燈。

準備起飛而進入跑道時必須開啓的燈,是防撞閃光燈。防撞閃光燈是非常明亮的白色閃光燈,即使距離非常遙遠的飛機都能夠注意到。另外,開始起飛的瞬間必須點燈的,是為了防止鳥擊和便於其他飛機辨識的起、落地燈。起、落地燈在起飛離地超過3,000m就會關閉,但如果在高空發生會機的狀況,也會再將此燈點亮。

最後,空中巴士機與波音機的開關方向並不同,可見兩者在設計理念上也多有差異。

▶ 飛機燈

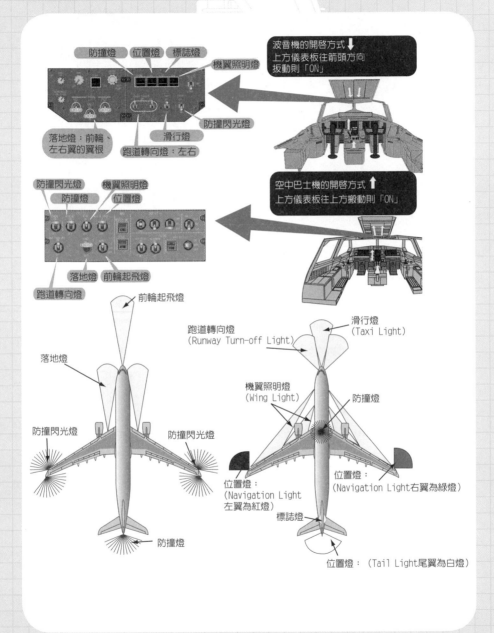

防撞燈　位置燈　標誌燈

機翼照明燈

波音機的開啟方式 ↓
上方儀表板往前頭方向
扳動則「ON」

落地燈：前輪、
左右翼的翼根

跑道轉向燈：左右

滑行燈

防撞閃光燈

防撞閃光燈　機翼照明燈
防撞燈　位置燈

空中巴士機的開啟方式 ↑
上方儀表板往上方搬動則「ON」

落地燈　前輪起飛燈

跑道轉向燈

前輪起飛燈

跑道轉向燈
(Runway Turn-off Light)

滑行燈
(Taxi Light)

落地燈

機翼照明燈
(Wing Light)

防撞燈

防撞閃光燈

防撞閃光燈

位置燈：
(Navigation Light
左翼為紅燈)

位置燈：
(Navigation Light右翼為綠燈)

標誌燈

防撞燈

位置燈：(Tail Light尾翼為白燈)

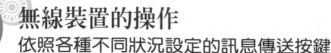

2-11 無線裝置的操作
依照各種不同狀況設定的訊息傳送按鍵

　　飛行員一坐進駕駛艙，就會先將座艙耳機（耳機麥克風，是飛行員七大裝備之一）戴上。飛行員之間當然可以直接對話，但和機務人員、客艙機組員之間必須透過對講機；與空中交通管制人員或航空公司之間則以無線通訊系統，以便隨時保持聯繫。

　　說個題外話，在起飛簡報進行到一半時，若對講機或無線通訊傳來呼叫聲，簡報就會無條件中斷，而在結束通話後，簡報又會繼續進行，彷彿什麼事都不曾發生似的。這樣的情況，會一直持續到抵達目的地機場，飛行員離開駕駛座為止。

　　言歸正傳，為了能有效操作對講機和無線通訊系統，機內設有選擇週波數和控制聲音的面板，飛行員可以透過對講機、客艙內的廣播、和無線通訊等裝置接收到各種聲音；但傳送聲音，卻一定只能透過自己。不只是飛行員與飛行員之間，飛行員與空中交通管制機關、客艙機組員、航空公司之間，都必須維持溝通管道的暢通，因此，駕駛艙中傳送訊息的按鈕選項有很多。例如，當機艙內突然壓力降低，使得飛行員必須戴上氧氣面罩時，為了能讓飛行員保持通話，在氧氣面罩內也會設置麥克風。而戴上氧氣罩的過程雖無法使用座艙耳機，仍可利用駕駛座內的擴音器進行對話。

▶ 聲音控制面板

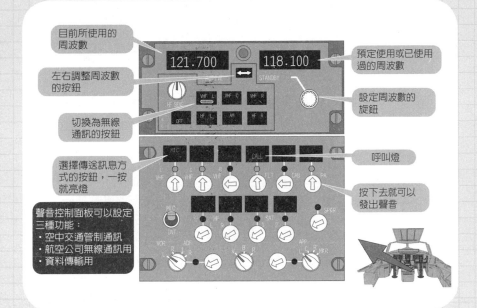

目前所使用的
周波數

左右調整周波數
的按鈕

切換為無線
通訊的按鈕

選擇傳送訊息方
式的按鈕，一按
就亮燈

聲音控制面板可以設定
三種功能：
・空中交通管制通訊
・航空公司無線通訊用
・資料傳輸用

預定使用或已使用
過的周波數

設定周波數的
旋鈕

呼叫燈

按下去就可以
發出聲音

▶ 傳送訊息的按鍵

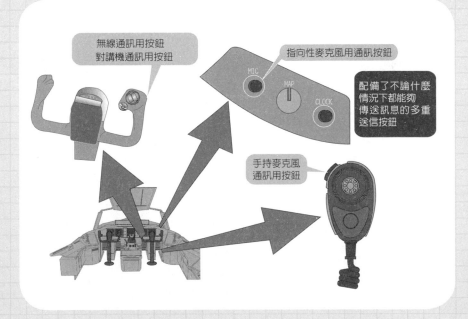

無線通訊用按鈕
對講機通訊用按鈕

指向性麥克風用通訊按鈕

配備了不論什麼
情況下都能夠
傳送訊息的多重
送信按鈕

手持麥克風
通訊用按鈕

從INS到PMS，再到FMS

波音B747所配備的INS（慣性導航系統）僅能輸入9個中繼點（Waypoint，航線上的地點），因此，若中繼點超過9個，飛行員勢必得在航行途中陸續輸入。

後來，記憶體大幅提升的PMS（效能管理系統）研發成功，飛行員不再需要在航行途中輸入中繼點，但是相對的，出發前的準備工作卻變得繁複異常。以東京到紐約為例，飛行員在出發前得輸入約70個中繼點。

「1號是N35455、E140231……70號是N51285、W002704」，負責飛機操縱以外業務的PNF將航空日誌上所記錄的中繼點位置一一唸出，負責飛機操縱的PF則一個一個輸入；好不容易輸入完成，又得確認輸入的資料是否無誤，「1、2之間是45英哩，2、3之間是22英哩……69、70之間是12英哩」，逐一確認中繼點與中繼點之間的距離。在這冗長的作業過程中，有時還得停下休息喝口水呢。

等到FMS（飛航管理系統）問世後，上述那些操作都不再需要，只要從儲存在FMS中的飛行路線中，選擇一個相同的航線，就會帶出所有的中繼點。光是可以不用一個一個唸出中繼點，就已經替飛行員減輕不少工作量了。

第3章

起飛～Take off

「本班機即將起飛」

當我們聽到廣播傳來這個通知的同時，

引擎聲音也開始大作。

接著，感受到身體被推向椅背的反作用力，

我們很清楚的感受到飛機正開始加速。

在這個章節中，我們將介紹起飛過程中飛行員所進行的操縱。

當下達起飛許可後，飛機就可以開始起飛。確認跑道前方無任何鳥獸等障礙後，就可將引擎動力轉爲起飛推力。但是引擎動力非一次到位。首先，先將引擎動力開啓到約一半的程度，確認引擎各相關儀器爲安定狀態後，才可以進一步轉爲起飛推力。

分成兩次出力的原因，是因爲噴射引擎雖然有短小精幹的優點，但也同時存在著噪音太大及提高轉速過慢的缺點。特別是巨大的風扇不可能從原本靜止的狀態突然高速運轉，如果一次給予過多的燃料，反而會造成異常燃燒；而左右引擎加速不平均，也會使得機體平衡出現問題，甚至造成飛機衝出跑道的危險。

因此，不論是什麼機型、機種，基本上都是利用先將動力開啓一半的這種方式起動飛機。但是，設定起飛推力所使用的自動推力控制系統，其操作方法及構造可就五花八門了。

首先介紹空中巴士A330。飛行員將節流閥從一半的推力，繼續推至聽到「喀」的一聲，操縱桿停在起飛推力的止動點後，自動推力控制系統會偵測到操縱桿的位置，並自動設定起飛推力。這意味著操縱桿也同時具備了開關的功能。而波音B777則須開啓推力開關，接著操縱桿會如同有隱形人在操作一般自動往前移動，直到可發揮起飛推力的位置後才會停止。因此，想要知道推力的變化，除了確認引擎儀表板之外，也能透過操縱桿的移動狀況得知。

▶ 空中巴士A330

空中巴士A330自動推力控制系統的特徵
· 名稱為「Auto Thrust System」
· 動力操縱桿不會自動移動，而是屬於開關的功能
· 出力位置是固定的

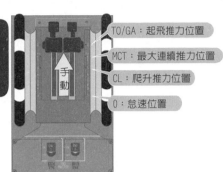

TO/GA：起飛推力位置

MCT：最大連續推力位置

CL：爬升推力位置

0：怠速位置

手動將操縱桿移到起飛位置的止動點

自動推力控制系統「Auto Thrust System」會偵測操縱桿的位置，自動提高起飛推力。

▶ 波音B777

波音B777自動推力控制系統的特徵
· 名稱為「Auto Throttle System」
· 動力操縱桿會自動移動
· 無設置止動裝置，出力位置不固定

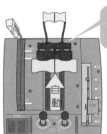

怠速到停止之間皆可操作

按下TO/GA鍵後，操縱桿會自動移動

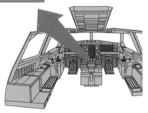

TO/GA鍵

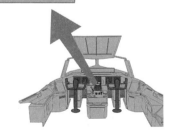

自動推力控制系統「Auto Thrust System」會自動移動到起飛推力的位置。

3-02 起飛推力的設定方法
推力會受到氣溫及氣壓的限制

　　在這個章節，我們想了解噴射引擎的推力是如何產生。噴射引擎能夠壓縮吸入的空氣並使之燃燒，因此，吸入的空氣狀態對於噴射引擎的效果有極大影響。就如同汽車引擎在夏天容易過熱是一樣的道理，噴射引擎的設計也必須考量到防止因為外部空氣過熱而造成的引擎過熱。若是壓縮機內部壓力過高，則可能造成引擎強度上出現危險。如果只是一趟飛行當然可以較無限制的使用引擎，但若要讓引擎更加持久，就必須考量氣溫及氣壓這兩個變數，適時控制引擎出力程度。

　　受氣溫及氣壓所限制的引擎推力中，影響最大的是起飛推力及重飛（起飛中斷後又重新起飛）推力。要完成這兩個動作所需的引擎負荷過大，因次通常會有5分鐘或10分鐘的使用時間限制。影響次大的，是引擎故障等緊急狀況發生時的備用推力，稱為最大連續推力（MCT），正如其字面上的意思，最大連續推力並無時間限制，而是可連續使用的最大推力。接下來就是上升時所使用的最大爬升推力（MCLT）。以上這些被設定為某些條件下所能使用的推力，就稱為特定推力。

　　早期的噴射旅客機，其特定推力是利用氣溫及氣壓表，計算出其設定值，再以手動方式調整操縱桿。現在則受惠於電腦的發達，各種特定推力及維持飛行速度的推力等都已經可以自動控制。

▶ 波音B727為完全的手動作業

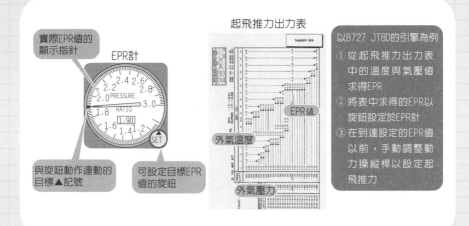

實際EPR值的顯示指針

EPR計

起飛推力出力表

與旋鈕動作連動的目標▲記號

可設定目標EPR值的旋鈕

EPR值

外氣溫度

外氣壓力

以B727 JT8D的引擎為例
① 從起飛推力出力表中的溫度與氣壓值求得EPR
② 將表中求得的EPR以旋鈕設定於EPR計
③ 在到達設定的EPR值以前，手動調整動力操縱桿以設定起飛推力

▶ 波音B777的自動推力控制系統

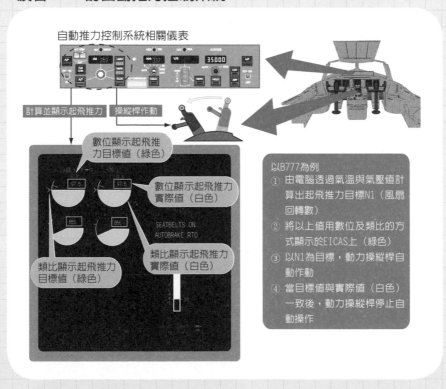

自動推力控制系統相關儀表

計算並顯示起飛推力

操縱桿作動

數位顯示起飛推力目標值（綠色）

數位顯示起飛推力實際值（白色）

類比顯示起飛推力實際值（白色）

類比顯示起飛推力目標值（綠色）

SEATBELTS ON
AUTOBRAKE RTO

以B777為例
① 由電腦透過氣溫與氣壓值計算出起飛推力目標N1（風扇回轉數）
② 將以上值用數位及類比的方式顯示於EICAS上（綠色）
③ 以N1為目標，動力操縱桿自動作動
④ 當目標值與實際值（白色）一致後，動力操縱桿停止自動操作

起飛推力有多大？

升力與推力的關係

　　雖然我們已經順利完成起飛推力的設定，但推力到底大到什麼程度呢？讓我們一起概算看看吧！

　　推力的大小，取決於進氣量的多寡和空氣噴射的速度。波音B777的左右引擎每秒合計約能吸入3公噸的空氣，並以約29m/秒的速度噴射，以此計算出波音B777的推力約為89公噸。而升力，則是透過機翼讓周圍空氣在加速的同時，改變其流動方向而產生的。假設飛機重300公噸，則升力就必須有300公噸。為此，在機翼處就必須將30公噸的空氣加速到100m/秒的流速，並往機翼後方向下吹，藉此製造300公噸的升力。

　　觀察飛機性能（飛行特質與能力）的指標之一，是升力（飛機重量）與推力之間比例關係的升阻比。空中巴士A380的起飛升阻比為3.7，其他飛機的升阻比數值也都相去不遠。升阻比愈大，表示飛機愈有能力以較小的推力獲得最大的升力，也就是可以用較小的力量，支持笨重的飛機飛行。

　　說個題外話，鳥類在剛飛起來時，會拼命拍動翅膀，而到了某個程度後，卻又突然轉為優雅的飛翔。其實這是因為當牠的速度達到了足以支撐身體重量的升力後，只需要前進的力量就能夠繼續飛行了。飛機也一樣，重量約300公噸的波音B777，若在一定的高度與速度下飛行，其引擎推力只需要17公噸，這和最大起飛推力（升阻比為3.4）整整差了18公噸呢！

▶ 空中巴士A380

最大起飛推力：38.1公噸 ╱ 引擎

最大起飛重量：560公噸
最大起飛推力：
・ER Trent900：38.1×4＝152.4公噸
・EA GP7200：36.9×4＝147.6公噸
$$\frac{最大起飛重量}{最大起飛推力} = 3.7$$

▶ 波音B747-400

最大起飛推力：26.3公噸 ╱ 引擎

最大起飛重量：397公噸
最大起飛推力：
・CF6-80C2B1F：26.3×4＝105.2公噸
・PW4056：25.7×4＝102.8公噸
・PR RB211-5242：26.3×4＝105.2公噸
$$\frac{最大起飛重量}{最大起飛推力} = 3.8$$

▶ 空中巴士A330-200

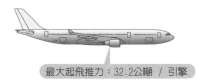

最大起飛推力：32.2公噸 ╱ 引擎

最大起飛重量：230公噸
最大起飛推力：
・CF680E1A4：31.7×2＝63.4公噸
・EA GP7200：32.2×2＝64.4公噸
・PW4168：30.8×2＝61.6公噸
$$\frac{最大起飛重量}{最大起飛推力} = 3.6$$

▶ 波音B777-300

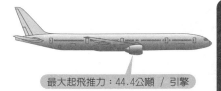

最大起飛推力：44.4公噸 ╱ 引擎

最大起飛重量：300公噸
最大起飛推力：
・GE90-988：44.4×2＝88.8公噸
・PR Trent898：44.4×2＝88.8公噸
・PW4098：44.4×2＝88.8公噸
$$\frac{最大起飛重量}{最大起飛推力} = 3.4$$

3-04 開始加速準備起飛
飛機速度表的功能

完成起飛推力設定後，飛機就要開始加速了。當速度表指到80節（約150km/小時）及100節（約185km/小時）時，必須確認左右兩邊的速度表所指出的速度相同，所以負責操縱飛機以外業務的飛行員PNF會唸出速度表上的指示值「80節（100節）」以供確認。航空業界裡，在飛航的各個階段，要由誰，在哪個時間點，發出聲音讀出什麼內容（Call Out），都是有規定的。

言歸正傳，飛機速度表最重要的功能，就是提供飛行員飛機與空氣之間的力道關係。不論飛機在空氣中飛行的速度慢或快，其所承受的風壓（更精確的說法是動壓），對飛機的影響都不容小覷。動壓與空氣密度乘上空氣速度的平方成正比，因此，若通過飛機周圍的空氣速度太慢，使得力量不足，很可能造成飛機失速。所謂失速，指的是機翼失去升力，使飛機在空中失去支撐，而喪失速度及高度的狀態。相反的，若空氣的速度太快，風力過強，則可能造成飛機的損壞。

因為以上種種理由，飛機的速度表上，顯示著不會造成失速的最低速度，和飛機強度可承受的最高速度，在這兩個速度的範圍內飛行，就能夠確保飛機的安全。

此外，測量到的動壓，會透過氣流資訊電腦(Air Data Computer)計算出速度。早期波音B747-200系列的速度表僅能顯示60節（約111km/小時）以上的速度，現在透過氣流資訊電腦，可以從30節（約56km/小時）即開始顯示。

▶ 飛機的速度表

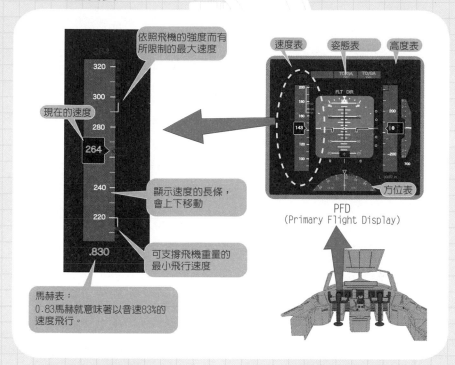

依照飛機的強度而有所限制的最大速度

現在的速度

顯示速度的長條，會上下移動

可支撐飛機重量的最小飛行速度

馬赫表：
0.83馬赫就意味著以音速83%的速度飛行。

速度表　姿態表　高度表

方位表

PFD
(Primary Flight Display)

▶ 並非從0開始顯示

B747-200的速度表是從60節（111km/小時）開始顯示

B777的速度表是從30節（56km/小時）開始顯示

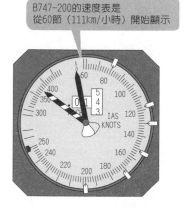

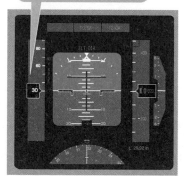

3-05 V_1
要繼續或是停止？

　　飛機漸漸加快速度並愈來愈接近V_1了。在速度到達V_1之前，如果決定要中止起飛，飛機也能在跑道的範圍內安全地停止，因此在速度到達V_1之前，飛行員會持續將手放在動力操縱桿上，以便隨時能夠降低動力。而一旦超過V_1，就算發生引擎故障，繼續起飛會相對地較安全，這時飛行員的手會離開操縱桿，以示要繼續起飛的決心。

　　大多數的飛機，在速度表通過V_1時，電腦語音會傳來「V_1」的提示聲；若是沒有這種功能的飛機，則會由PNF唸出以提示飛行員。

　　當速度超過V_1來到V_R，就是要準備將機首抬起的時間點了。雖然升力與飛行速度成正比，但也會受到機翼的攻角（機翼相對於氣流的角度）所影響。因此飛機並非被動地等待升力條件完備，而會利用水平尾翼生成向下的升力，以主輪為支點，運用槓桿原理，一口氣將機首上抬，並提高機翼的攻角；當機翼的攻角變大，升力也會大幅提高，接著就會感受到一股被向上拉起的力道，主輪就會離開跑道（Lift off）。

　　當速度到達V_2，表示飛機已經準備好安全爬升，當升降表開始顯示正值，表示已經正常爬升了。確定爬升狀態後就要將飛機的起落裝置收回，這是起飛過程中最嚴苛的一刻。收納起落裝置的艙門開關，會造成空氣阻力急速增大，引擎的出力必須要能跟此時的空氣阻力抗衡才能夠順利完成。

▶ 起飛速度的操縱

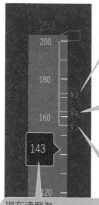

V₂：安全起飛速度
能夠以設定的爬升角度安全爬升的速度
172節（319km/小時）

V_R：拉桿速度
為了機輪離地而抬起機首的速度
162節（300km/小時）

V₁：決定起飛速度
決定要中止起飛或繼續起飛的速度
155節（287Km/小時）

現在速度為
143節（265km/小時）

速度到達V₁以前，飛行員的手都必須放置在動力操縱桿上，因為隨時有可能因為要中止起飛而必須將操縱桿拉回。速度超過V₁之後，即顯示了起飛的決心，手就可以離開操縱桿了。

▶ 收起起落裝置的操縱

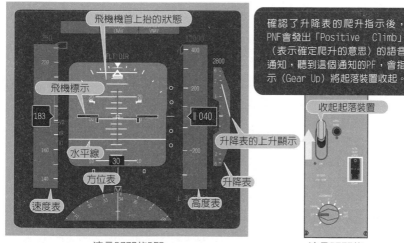

飛機機首上抬的狀態

飛機標示

水平線

方位表

速度表

升降表的上升顯示

升降表

高度表

波音B777的PFD
(Primary Flight Display)

確認了升降表的爬升指示後，PNF會發出「Positive Climb」（表示確定爬升的意思）的語音通知，聽到這個通知的PF，會指示（Gear Up）將起落裝置收起。

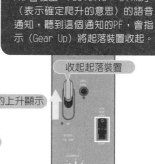

收起起落裝置

波音B777的
起落裝置操縱面板

3-06 V_R 感受到機首揚起

起飛時，除了一定要確認的起飛速度V_1、V_R、V_2之外，還有一項非常重要的確認數據，那就是配合重心位置的水平尾翼角度。

當速度到達V_R，機首之所以開始上抬，其實是因為水平尾翼產生向下的升力所導致。藉由水平尾翼的力量，比重心位置稍微後面一些的主輪當作支點，以槓桿原理將機首上抬。但是如果重心位置在前方，則必須要更強大的力量才可將機首揚起。若抬起機首的力量過小，會使機輪離地（Lift off）所需的距離更遠；相反的，如果重心位置太後面，則可能在進行抬起機首的操作以前，機首就提早揚起了。

因此，飛行員可以利用調整水平尾翼的角度，來控制機首向上或向下。而控制水平尾翼角度，進而維持飛機平衡的，稱為安定配平片（Stabilizer Trim）。當飛機重心位置在前方時，水平尾翼向下的角度就會增加，以製造較大的攻角，其產生的升力當然也會因此提高。安定配平片不僅僅被運用在起飛，即使在飛行過程中，因應其速度變化而改變的飛機姿態也會與自動駕駛系統連動而自動調整呢。

如此藉由水平尾翼角度的調整，隨時都可以用同樣的方式進行抬起機首的操作，也就是可以透過熟悉的感覺進行操作。此外，為了避免飛機在跑道上因為機首向上而造成機尾著地，因此飛機在機體後方都會設計一個角度來預防。

▶ 可動式水平尾翼

不論飛機的重心是在前方或後方，為了讓升降舵能夠以正確的方式抬起機首，水平尾翼會上下調整。當飛機重心在前方時，水平尾翼向下的角度會增大，如此一來，即使升降舵的動作不變，都可以產生更大的升力。

最大角度15°
向上的角度愈大，產生向上升力的水平尾翼攻角就會愈大，機首下壓的力量也會愈大。

升降舵　　　水平尾翼　　　空氣流向

最大角度30°
向上的角度愈大，產生向下升力的水平尾翼攻角就會愈大，機首上揚的力量也會愈大。

空中巴士A330

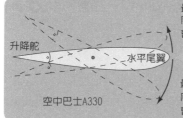

利用水平尾翼形成槓桿原理，以主輪為支點，將機首上抬。

空氣的流向

水平尾翼所產生的下壓力。為了避免飛機在跑道上因為機首向上而造成機尾著地，因此飛機在機體後方都會設計一個角度來預防。

▶ 配平設定

配平片轉軸
旋轉這個轉軸，就可以配合重心位置來進行設定。

在操縱桿上的配平片控制按鍵，是透過姆指操作以配合重心位置進行設定。

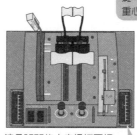

波音B777的操縱桿

空中巴士A330的中央操縱面板

波音B777的中央操縱面板

安定面配平顯示器（綠色為起飛範圍）

機輪離地
什麼是起飛距離？

雖然我們已經安全離地了，但我們實際上用了多少距離呢？飛機起飛所需要的距離，到底有多長呢？波音B777-300的最大起飛重量為300公噸，其起飛所需的距離，在規格表上標示著需要3,150m。這個距離是如何計算出來的呢？

首先先說明距離量測的標準。起飛所需的距離，並非量測從開始起飛到機輪離開跑道之間的距離，而是從開始起飛到飛機通過高度10.7m（35英呎）的水平距離。而飛機規格表上所標示的起飛距離，指的是以下三個距離中最長的距離：

(1)即使發生引擎故障，但仍繼續起飛的起飛距離

(2)保守估計的正常的起飛距離（正常起飛距離的1.15倍）

(3)決定中止起飛後可將飛機完全停止的距離

當然，大多數的時候，飛機引擎都是正常的，因此正常起飛所需的距離，會小於規格表上所標示的起飛距離；此外，也並非每次飛機起飛時的重量都是最大起飛重量，因此在航廈屋頂有時可以看到一些飛機在跑道的一半就完成起飛，或是看得到在往跑道的途中就開始準備起飛（Intersection Departure）的飛機。

不過，大氣狀態（氣壓、氣溫、風）及跑道的狀態（下雨或下雪天）對於起飛距離也會有不小的影響。因此，每趟航行，都必須確認大氣及跑道的狀態，仔細算出起飛距離，若（起飛距離）＞（跑道距離），就必須減輕飛機重量。

▶ **起飛所必需的距離**

起飛所必需的距離：要同時滿足(1)(2)(3)三個條件的距離

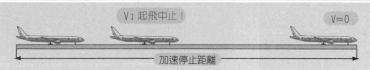

V₁決定繼續起飛！

V₂

10.7 m
（35英呎）

起飛距離

① 開始加速，即使V1後引擎發生故障，仍繼續起飛，並能夠以剩餘的引擎推力讓飛機上升到高度10.7m（35英呎）所需的距離。

② 開始加速，保守估計讓飛機上升到高度10.7m（35英呎）所需的距離（正常起飛距離的1.15倍）

V₁ 起飛中止！

V＝0

加速停止距離

③ 開始加速，在到達V1以前決定中止起飛後可將飛機完全停止的距離

▶ **大氣的影響**

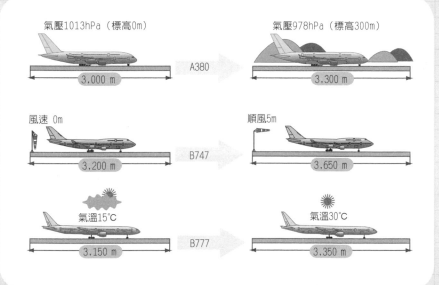

氣壓1013hPa（標高0m）　　　　　氣壓978hPa（標高300m）

A380

3,000 m　　　　　3,300 m

風速 0m　　　　　順風5m

B747

3,200 m　　　　　3,650 m

氣溫15℃　　　　　氣溫30℃

B777

3,150 m　　　　　3,350 m

V_2
爬升的同時緩緩的加速

　　當速度超過V_2，飛機推力會從起飛推力轉換為爬升推力，以便讓飛機能夠安全的爬升。但此時卻不能急促地加速，主要的原因，就是襟翼和噪音的問題。

　　飛機在起降時，雖然速度不快卻仍能夠維持支撐飛機重量的升力，這是襟翼的功勞。即使我們在起飛後多麼想立刻收起襟翼好好加速，但卻會因為襟翼本身又大又重，加上必須承受相當於飛行速度二次方比例的風壓，而無法一口氣將襟翼收起。又因為巨大的風壓影響，若太快提高速度，可能會導致襟翼受損；不僅如此，太快收起襟翼，會使飛機的升力變小，失速的風險提高，因此為了避免飛機失速，襟翼也必須暫時保持揚起的狀態。種種原因下，飛行員會出聲提醒「Speed, Check, Flap2」，一邊確認飛行速度，一邊緩緩的將襟翼收起。而在客艙的乘客則會聽到地下傳來好幾次機械的聲音，就是這樣的緣故。

　　在以前，飛機起飛後還在較低的空域時，就會開始進行收起襟翼的操作，這是由於當時標榜「高速噴射客機」，因此以加速為最優先考量；而現在因為也得考慮噪音問題，飛機會在襟翼開啟的狀態下，盡可能提高爬升率，並儘量在離地較遠的高空，例如3,000英呎（1,000m）以上再開始進行收起襟翼的操作。這種以減輕噪音為目的的起飛方式，稱為急上升方式。

▶ 收起襟翼

襟翼位置設定為3時的失速速度
Vs＝130節（241km/小時）

襟翼位置設定為3時的安全起飛速度
V₂＝156節（289km/小時）

襟翼位置設定為3時的最大速度
VFE＝186節（344km/小時）

速度過慢，會使得機翼上方的氣流紊亂，飛機失去支撐，可能同時喪失速度及高度。

襟翼位置設定為2時的安全起飛速度則為164節（304km/小時）。

速度過快雖不會使襟翼立刻損壞，但隨著襟翼重覆運作會使得金屬疲勞而影響到襟翼強度。

襟翼位置設定為3起飛，從安全起飛速度V₂的156節（289km/小時）開始加速，若距離到達以下兩個速度之間，則必須將襟翼位置從3設定為2。
・襟翼設定2的安全速度164節（304km/小時）
・襟翼設定3的最大速度186節（344km/小時）

▶ 為了減輕噪音

附帶一提，有時我們會感覺到明明飛機剛起飛應該還在爬升的時候，卻好像往下降了，這是因為為了加速到可以收起襟翼的速度，特地讓飛機的機首向下；或是為了增加飛行速度，而急速減低爬升率的緣故。

為了減輕噪音而急速爬升
以起飛的狀態下爬升到1,000m後再開始加速、收起襟翼

正常爬升方式
從低空就開始加速以收起襟翼

跑道

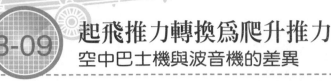

3-09 起飛推力轉換爲爬升推力
空中巴士機與波音機的差異

即使起飛推力可以自動設定，但是判斷飛機是否要中止起飛的，終究只有飛行員，這一部分是絕不可能自動執行。

首先，空中巴士機爲了中止起飛，若將動力操縱桿扳動至怠速，卻仍處於起飛推力的狀態，那麼踩刹車試圖緊急停止，也不會有任何意義；也因此在起飛進行間，若將動力操縱桿拉回，自動推力系統就會自動解除。而波音機要中止起飛時，將動力操縱桿拉回怠速，這時，爲了避免操縱桿再次被推至起飛推力，操縱桿會與驅動馬達中斷連結（稱爲油門鎖定Throttle Hold），無法自由手動調整動力操縱桿。

當飛機安全起飛後，起飛推力就會自動交接給爬升推力。而空中巴士機與波音機在這一部分的設計也有差異。

空中巴士A330一旦到達設定高度，就會自動從起飛推力轉變爲爬升推力，接著儀表會顯示動力操縱桿所應調整的爬升推力位置，飛行員再跟著指示依照操作順序，將操縱桿推到爬升推力位置。推力完全是自動控制，而透過飛行員的操作，使操作與其自動控制的結果達到一致。另一方面，波音B777的動力操縱桿則會自動移動，將起飛推力改爲爬升推力後就會停止移動，彷彿像是在隨時告知飛行員目前自動執行的推力變化狀況呢。

▶ 空中巴士機

空中巴士機起飛中止

為了中止起飛而把動力操縱桿扳到怠速狀態，自動動力系統也就會自動解除。

從起飛推力轉換到爬升推力

設定上升推力位置（CL）

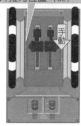

手動

手動

空中巴士A330
當飛機高度到達1,500英呎（457m）會自動設定爬升推力。飛行員在手動將操縱桿推至爬升推力的止動閥。

▶ 波音機

波音機起飛中止

開始起飛達到一定速度後，動力操縱桿會變為Free的狀態（從作動馬達解除的狀態），此時就可將動力操縱桿扳至怠速的位置了。

從起飛推力轉換到爬升推力

轉換為爬升推力就自動停止

自動

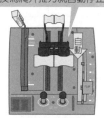

自動

波音B777
當飛機高度到達1,500英呎（457m），操縱桿會自動移動到爬升推力的位置。

3-10 並非一直保持最大推力
為了讓引擎更持久所下的工夫

起飛或爬升並非要使用最大推力。讓我們告訴您原因。

飛機規格表上所記載的最大起飛推力，是依據國際民航組織（ICAO）所制定的國際標準大氣（ISA）中，統一規定在外氣溫度為15℃，大氣壓力為1氣壓的條件下，計算而成的值。然而實際上的大氣溫度及壓力不可能維持在15℃和1氣壓，因此，若實際大氣溫度為30℃，比標準大氣高了15℃，就會以ISA+15℃來表示。

從次頁下方圖表中可知，當外氣溫度超過30℃，也就是超過ISA+15℃，渦輪入口的溫度就會影響到起飛推力，起飛推力也會小於規格表上的標準值。這樣的狀況會同樣發生在最大連續推力與最大爬升推力，當上空的外氣溫度超過ISA+15℃，其推力就會受到限制而變小。換句話說，若要降低引擎的出力，則可以運用降低渦輪入口溫度的方式，達到延長引擎壽命並有效節省成本的目的。因此，特別針對國內航線的飛機，其重量較輕，跑道的長度不會有不足的狀況，因此可以採用比最大起飛推力減少最多25%的減推力（Delete Thrust），做為起飛推力。這樣的好處可不只有降低成本，也能有效防止當起飛推力過大時，急速加速下造成身體的不適感。當然，即使是減推力，也必須能滿足當引擎發生故障仍可安全起飛的基本要求。此外，不僅是起飛推力，減推力也可被應用在爬升推力。

▶ 渦輪入口溫度

總是被高溫氣體包圍，還得高速迴轉的高壓渦輪。從燃燒室吹來的氣體溫度稱為渦輪入口溫度（TIT），引擎壽命的長短，就取決於是否適當地管理渦輪入口溫度。若溫度過高，會造成高壓渦輪變形或破損。而高壓渦輪破損，會使得後方氣流飛散，造成引擎不可收拾的後果。

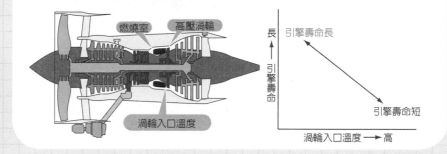

▶ 減推力

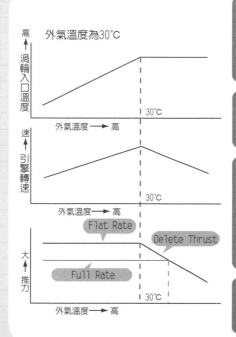

渦輪入口溫度會受起飛時跑道的外氣溫度所影響。若外氣溫度高，則渦輪入口溫度也會較高，有可能會超過容許範圍，因此渦輪入口溫度必須維持一定。左圖是當溫度高於30℃時的引擎限制。

即使外氣溫度過高，為了保持渦輪入口溫度維持一定，必須降低引擎推力，也就是降低引擎轉速。

從以上說明可知，當外氣溫度較低時，引擎的推力可以維持一定的水準；然而若外氣溫度高到一個程度，推力就會開始與溫度成反比。這種因為外氣溫度較低而能夠維持引擎一定水準的推力，稱為Flat Rate；因為入口溫度高而必須犧牲引擎推力的，則稱為Full Rate。

如果在飛航條件較好的狀況，例如飛機較輕的狀況下，使用減推力就能有效降低渦輪入口溫度。

3-11 兩種起飛方法
滾行起飛與停機起飛

　　起降班次頻繁的機場，必須把握降落班次之間的空檔，進行起飛。在此類型的機場，通常會採取能夠迅速起飛的起飛方式—滾行起飛。所謂滾行起飛，是指飛機以約25km/小時，從滑行道進入跑道，並將引擎動力推至一半，確認引擎狀態穩定，完成起飛推力的設定後就直接起飛的方法。滾行起飛的好處，是能夠有效縮短從起飛前的滑行到機輪離地之間的時間，又因為引擎後方噴射氣流（業界普遍稱為Blast）的影響也較小，使得噪音也被有效的抑制。但是，起飛所需的距離也因此而變得較長。另一方面，在以國際線為主的機場，通常會採取停機起飛的起飛方式。這種方式是將飛機在跑道上完全停止，半開引擎確認引擎穩定狀況，放煞車，設定推力後再開始起飛的方法。停機起飛是一種可以明確算出起飛距離的起飛方式，對於飛機重量相當重的國際線航班而言，如果又遇到積雪造成跑道溼滑，或側風起飛的狀況，必須利用到整條完整的跑道（滑行到長度的最大值）才能安全起飛，就更必須使用這種方式起飛。而停機起飛所需的時間，想當然耳比滾行起飛更久了。

　　不論是哪一種起飛方式，都必須經過加速、離地、爬升、緩緩加速、直到襟翼完全收起的完整過程，才算完成起飛。

　　接著，就準備爬升到巡航高度了。

▶ **兩種起飛方式**

滾行起飛（Rolling Take-off）
飛機從滑行道進入跑道的過程不剎車，直接引擎動力推至一半，確認引擎狀態穩定後，設定起飛推力完成就直接起飛的方法。可以減少起飛時間和降低噪音；但缺點是起飛距離會較長。

停機起飛（Standby Take-off）
飛機在跑道上完全停止，半開引擎確認引擎穩定狀況，放煞車，設定推力後再開始起飛的方法，是一種可以明確算出起飛距離的起飛方式。在飛機重量較重、積雪造成跑道溼滑、或側風起飛的狀況，會採用這種方式起飛。缺點則是需要較長的起飛時間。

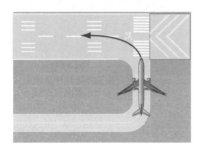

▶ **完成起飛**

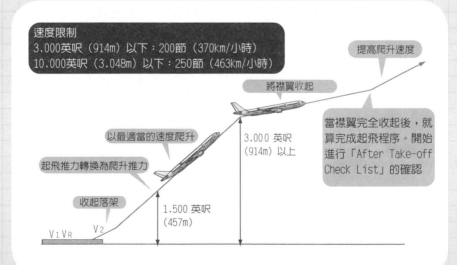

速度限制
3,000英呎（914m）以下：200節（370km/小時）
10,000英呎（3,048m）以下：250節（463km/小時）

提高爬升速度

將襟翼收起

以最適當的速度爬升

起飛推力轉換為爬升推力

收起落架

3,000 英呎
（914m）以上

1,500 英呎
（457m）

當襟翼完全收起後，就算完成起飛程序。開始進行「After Take-off Check List」的確認

V1 VR   V2

3-12 什麼是前進的「推力」？
利用渦輪風扇引擎產生推力

飛機並非像鳥類，僅利用翅膀就能產生升力及向前的力量。飛機必須利用機翼產生升力，再利用引擎產生向前的力量，才能夠在天空中自由飛翔。在這個章節，就讓我們一起複習向前的力量——推力到底是什麼吧。

如次頁上方的圖示，在船的後方安裝一個風口朝著後方的電扇，藉此讓船往前。風扇向後方吹風，將靜止的空氣往後吹動，再利用其產生的反作用力，使船產生向前的力量。將電扇的風速轉強以提高氣流速度，或是將電扇葉片加大增加空氣量，都能增大向前的力量。

噴射引擎就是複製電扇的原理來產生推力。差別僅在於噴射引擎的風扇有分為好幾段，且轉動風扇的並非電動馬達，而是利用熱能的渦輪。吸入的空氣會透過分為好幾個段數的風扇進行壓縮，並以熱能轉動渦輪，再將氣流往後噴射，進而產生推力。因為有噴射這個動作，因此這種引擎才被稱作噴射引擎（Jet Engine）。

飛機也和電扇一樣，其推力的大小取決於空氣噴射的速度及空氣的量。超音速飛機卻必須以超音速的速度噴射才能使空氣流動並產生推力。然而，以超音速約80%的速度航行的旅客機，增加空氣量比提高噴射速度更能有效提高推力，因此，這種將引擎風扇加大的渦輪風扇引擎，其噪音小、燃油消耗率佳的特徵，最適合旅客機了。

▶ 作用力與反作用力

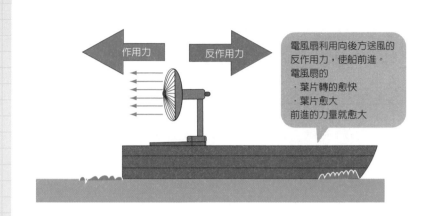

電風扇利用向後方送風的反作用力，使船前進。
電風扇的
· 葉片轉的愈快
· 葉片愈大
前進的力量就愈大

▶ 噴射引擎的推力

噴射引擎的推力，是藉由將空氣往後噴射（Jet）所產生的反作用力得到的。
引擎所噴射的
· 空氣速度愈快
· 空氣量愈大
推力就愈大

後推（Push Back）與引擎啟動

幾乎所有機場，都會藉助牽引車本身的能力與駕駛牽引車的技術，讓飛機在後推（將飛機推到滑行道上）的同時，進行引擎啟動。這種方式，可使飛機在跑道上滑行的時間縮短，同時達到節省燃料的好處並有效縮短占據滑行道的時間。

在不久以前，各個機場會依據其牽引車的馬力，來決定是要先啟動引擎再後推，或是後推定位後再啟動引擎。後推後才啟動引擎，會使飛機必須停留在滑行道上時間較長，因而經常會看到好幾台飛機排隊等待起飛的場景。而如果在出口閘門周圍有冰雪覆蓋，使得地面濕滑的狀況，則即使到現在，也會採取後推定位後再啟動引擎的方式安全起飛。

牽引車並非只是一味的直線推行，有時也必須要推轉90°方向。然而，後推的同時啟動引擎，飛機會開始產生推力而與牽引車互推，此時，不但得抵抗飛機的推力，還得同時轉變方向，這可是需要高超的駕駛技術。

此外，當發生輔助動力裝置（APU）故障而無法使用壓縮空氣的狀況，可以利用已完成啟動的引擎協助壓縮空氣，來啟動其他引擎，這種方式稱為Crossbreed Start。但是，啟動器必須要2氣壓以上才能回轉，因此，必須更加提高引擎出力。為此，得利用出發閘門的地面設施輔助引擎啟動，即使這時引擎的出力已達一定程度，仍會後推到後方無人或障礙的安全滑行道後，再將其餘引擎啟動。

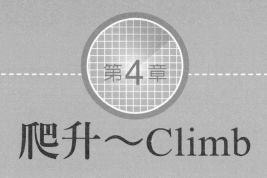

第4章

爬升～Climb

飛機終於離開跑道，往天空飛去。

從射入機艙內的太陽光線移動，

我們感覺到飛機正在盤旋。

在這個章節中，我們將一一解說自動駕駛系統的盤旋方式。

4-01 顯示上升的量測儀表
顯示速度、姿態、高度、上升率

飛機收起起落架及襟翼的狀態，業界稱爲「乾淨的狀態（Clean Configuration）」，也就是飛機沒有伸出任何部位，呈現完整的流線姿態。而以這個「乾淨」的狀態往巡航高度爬升，則稱爲Enroute Climb。

當飛機進行爬升時，即使是採取自動駕駛，飛行員仍會時時監控飛行狀況。監控包含實際飛行狀況的監控，及儀表的監控，其中最重要的儀表，就是整合了飛機速度、姿態、高度等資訊的PFD（Primary Flight Display）。

飛機的速度表，是將空氣的動壓換算爲速度的空速指示表，而空速指示表所顯示的速度，則稱爲指示空速（IAS）。通常，飛機會在IAS維持穩定的速度下進行爬升。

姿態指示儀上，可以看到水平線、天際線、地平線等，與前方窗戶所看到的景色一致，再將之與象徵飛機的標識比較，可以得知飛機是否有偏上、下、左、或是右方傾斜。起飛時機首上揚的角度，應該要隨著速度與高度的增加而漸漸縮小。

高度表，則是利用氣壓換算爲高度的氣壓高度表。垂直速度表則是記錄飛機每分鐘的高度變化，換言之，就是記錄飛機的垂直速度。例如，當爬升率爲3,000英呎/分鐘，表示飛機正以每分鐘3,000英呎（914m）的速度上升。垂直方向的速度與平飛時的速度會有一段落差。其實就和人或者汽車一樣，在爬坡時都會比較辛苦，飛機在爬升時，同樣會比較吃力。

▶ A330的PFD（Primary Flight Display）

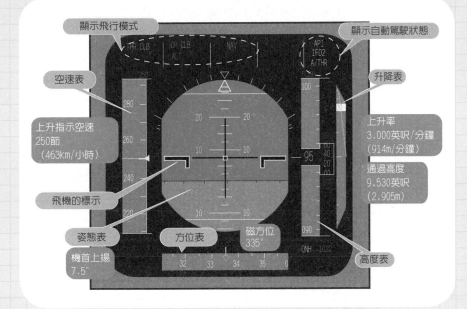

顯示飛行模式
顯示自動駕駛狀態
空速表
升降表
上升指示空速
250節
（463Km/小時）
上升率
3,000英呎/分鐘
（914m/分鐘）
飛機的標示
通過高度
9,530英呎
（2,905m）
姿態表
方位表
磁方位
335°
機首上揚
7.5°
高度表

▶ B777的PFD（Primary Flight Display）

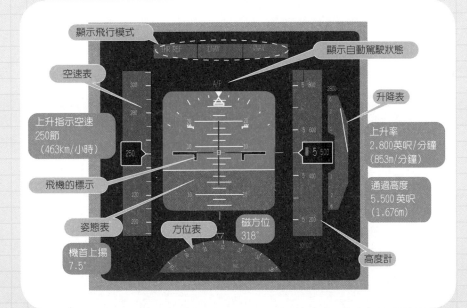

顯示飛行模式
顯示自動駕駛狀態
空速表
升降表
上升指示空速
250節
（463Km/小時）
上升率
2,800英呎/分鐘
（853m/分鐘）
飛機的標示
通過高度
5,500 英呎
（1,676m）
姿態表
方位表
磁方位
318°
機首上揚
7.5°
高度計

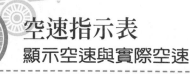

空速指示表
顯示空速與實際空速

　　正常來說，飛機必須在空速指示表所顯示的指示空速維持穩定的狀況下進行爬升。而實際上，當高度愈高，飛機的速度卻是愈快。其中的原因，讓我們一起透過稍早期的速度表（現在也會運用在備用儀器）來了解。

　　飛機的速度表是利用一條稱為皮托管的細長管子，測定動壓並將之換算為速度的。動壓與空氣密度及進入皮托管的空氣速度，也就是飛行速度的平方成正比。而空速表是以依照地上空氣密度改變的動壓為基準切割其刻度，假設在地上的速度表顯示270節，則其前進的速度就為1小時270海里（500km），實際的飛行速度（真空速：TAS）也會和地面上的指示空速相同。

　　當場景換到空中，飛行員可以從駕駛艙前方的窗戶聽到風切聲。所謂風切聲是空氣撞擊飛機所產生的聲音，因此，飛機速度愈快，風切聲就會愈大；速度減慢，風切聲則會變小。不論在什麼高度，都聽到相同大小的風切聲，就可以說飛機是以固定的指示空速飛行。而維持一定的指示空氣速度爬升，也就是維持在相同風切聲狀態下爬升。但是高度愈高，空氣愈稀薄，要維持相同的風切聲，就意味著空氣撞擊飛機的速度（也就是稱為真空速的實際飛行速度）必須更快。總歸一句，以一定的指示空速IAS爬升，就等於實際飛行速度TAS必須加速爬升。

▶ 皮托管與動壓

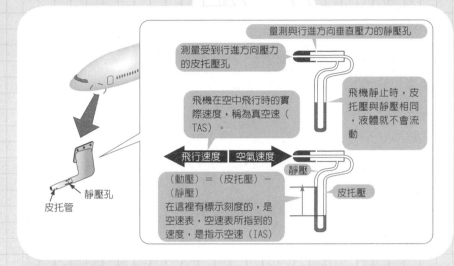

量測與行進方向垂直壓力的靜壓孔

測量受到行進方向壓力的皮托壓孔

飛機在空中飛行時的實際速度，稱為真空速（TAS）。

飛機靜止時，皮托壓與靜壓相同，液體就不會流動

飛行速度　空氣速度

靜壓

（動壓）＝（皮托壓）－（靜壓）
在這裡有標示刻度的，是空速表，空速表所指到的速度，是指示空速（IAS）

皮托壓

靜壓孔
皮托管

▶ 指示空速與真空速

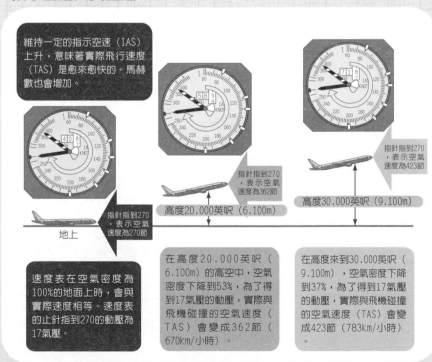

維持一定的指示空速（IAS）上升，意味著實際飛行速度（TAS）是愈來愈快的。馬赫數也會增加。

指針指到270，表示空氣速度為270節

地上

指針指到270，表示空氣速度為362節

高度20,000英呎（6,100m）

指針指到270，表示空氣速度為423節

高度30,000英呎（9,100m）

速度表在空氣密度為100%的地面上時，會與實際速度相等。速度表的止針指到270的動壓為17氣壓。

在高度20,000英呎（6,100m）的高空中，空氣密度下降到53%，為了得到17氣壓的動壓，實際與飛機碰撞的空氣速度（TAS）會變成362節（670km/小時）。

在高度來到30,000英呎（9,100m），空氣密度下降到37%，為了得到17氣壓的動壓，實際與飛機碰撞的空氣速度（TAS）會變成423節（783Km/小時）。

4-03 安全飛行所必要的速度
功能各有不同

飛機的速度表，在PFD（Primary Flight Display）上有空速指示表、馬赫表、垂直速度表；在ND（Navigation Display）上則有地速表及真空速表。讓我們一起看看這些儀表的功能。

將皮托管測得的空氣力道，經由Air Data Computer數位處理後所顯示的，是維持飛航所必須的空速表及馬赫表；名稱為航空業界共通的垂直速度（Vertical Speed）表，則可以感知氣壓變化，顯示透過慣性導航系統（將於下一章節進行說明）的加速度表所測得的垂直方向速度，對於飛機在空中爬升、下降，或是起飛降落時，是非常重要的量測儀。

和汽車一樣，顯示與地面之間相對速度的地速表（GS：Ground Speed），是透過慣性導航系統的加速度表檢測出的速度所計算出的需求時間。不過，地面上的速度低於30節，是無法顯示在空速表的，因此在地上滑行時的速度，會以GS表為參考數據。

真空速表所顯示的，是以馬赫數計算得來的速度，對飛機而言，這算是一個輔助的速度表。而通常以算式呈現速度的機用儀表，就是真空速。

以上這些包括能夠了解飛機與空氣之間力量關係，對飛行相當重要的指示空速（IAS）及馬赫數、能夠了解飛機上升下降程度的垂直速度（VS）、可以算出所需時間，對於導航不可獲缺的地速（GS）、以及考量飛行性能時必須的真空速（TAS），都算是飛機的速度。

▶ 飛機的速度

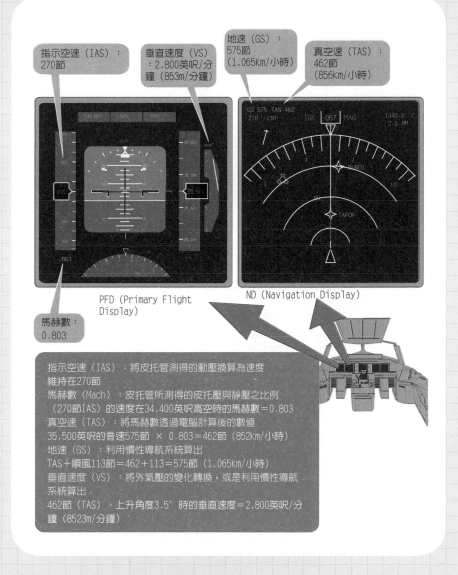

指示空速（IAS）：
270節

垂直速度（VS）
：2,800英呎/分
鐘（853m/分鐘）

地速（GS）：
575節
（1,065km/小時）

真空速（TAS）：
462節
（856km/小時）

GS 575 TAS 462
270 °/130

PFD (Primary Flight
Display)

ND (Navigation Display)

馬赫數：
0.803

指示空速（IAS）：將皮托管測得的動壓換算為速度
維持在270節
馬赫數（Mach）：皮托管所測得的皮托壓與靜壓之比例
（270節IAS）的速度在34,400英呎高空時的馬赫數＝0.803
真空速（TAS）：將馬赫數透過電腦計算後的數值
35,500英呎的音速575節 × 0.803＝462節（852km/小時）
地速（GS）：利用慣性導航系統算出
TAS＋順風113節＝462＋113＝575節（1,065km/小時）
垂直速度（VS）：將外氣壓的變化轉換，或是利用慣性導航
系統算出
462節（TAS）、上升角度3.5°時的垂直速度＝2,800英呎/分
鐘（8523m/分鐘）

4-04 氣壓高度表
了解氣壓與高度的關係

　　在每天第一班飛機出發前的點檢中，有時候會發現照理說應該顯示機場標高的高度表，卻沒有顯示出正確的高度，在此，我們就用高度表為例，一同探討原因吧！

　　飛機的高度表，是在氣壓表上標出高度刻度的氣壓高度表。利用氣壓，是因為重力能讓氣壓隨著高度愈高，而規律地變小；再加上，較小的裝置相對地比較容易測量。然而，利用氣壓測量高度，有一個最大的缺點，就是氣壓會不停變化，並非固定。因此，利用氣壓高度表測量高度時，必須先配合氣壓變化，進行原點校準。

　　假設昨天在羽田機場降落的航班，其機場標高正確地指在21英呎（6.4m）的位置，今天早上進行出發前點檢時，壓力高度表卻指在450英呎（137m）的位置。這其實是因為昨天是氣壓為1013hPa的高氣壓好天氣，而今天卻因為低壓接近，使得氣壓變成997hPa的低氣壓雨天。這時，重新將高度表原點設為997hPa，高度表的指針就會轉回機場的正確標高21英呎（6.4m）了。如此修正高度表原點的方式，稱為高度表撥定值（Altimeter）。此外，高度表在地面所顯示的機場標高，其氣壓的撥定值稱為QNH（低空飛行時的撥定值），在剛才的例子中，其QNH即為997hPa。

▶ 氣壓高度表所顯示的高度是？

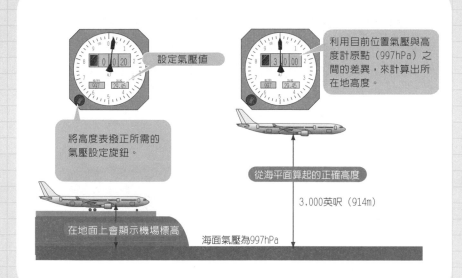

設定氣壓值

利用目前位置氣壓與高度計原點（997hPa）之間的差異，來計算出所在地高度。

將高度表撥正所需的氣壓設定旋鈕。

從海平面算起的正確高度

3,000英呎（914m）

在地面上會顯示機場標高

海面氣壓為997hPa

▶ QNH

讓高度計能正確的標出出發（或降落）機場標高的撥正氣壓值為QNH。
在這個例子中的QNH為997hPa

氣壓變化

高度計規正

①昨天的航班在1013hPa的狀態下，羽田機場的標高正確地指在21英呎（6.4m）的位置。

②今天因為低氣壓接近，使得東京灣海面上的氣壓為997hPa，若氣壓仍舊設定為1013hPa，則高度表就會指到450英呎（137m）。

③利用高度表的「BARO」旋鈕設定到撥正值997hPa，高度表就會正確地指回羽田機場的標高21英呎（6.4m）。

4-05 飛行高度（Flight Level）
另一個撥定值QNE？

當飛機漸漸上升到14,000英呎（4,267m）的高空，飛行員就會讀出「1013（或2992）」，來互相確認左右的高度表都已經設定為1013hPa了。接續上頁的說明，若高度表維持在997hPa的設定，則實際飛行高度可能就會與高度表產生450英呎的差距。

這個高度表撥定值稱為QNE（在較高高空上或是海面上方飛行時的撥定值）。應設定QNE的時間點，各國都有不同規定。例如，英國是6,000英呎（1,829m）、以公尺為單位的中國則是3,000m（9842英呎）、新加坡和泰國是11,000英呎（3,353m）、美國則為18,000英呎（5,486m）。在到達這些高度以前，飛機會以管制機關所提供的區域QNH做為撥定值，並適度的修正飛行高度來進行飛行。

一旦QNE設定完成，則即使地面上的氣壓不是1013hPa，因為所有的飛機都已將原點設定為1013hPa，因此可以有效地確實遵守高度的間隔。QNE這個撥定高度就稱為飛行高度（Flight Level），平常在讀的時候，百位以下會省略，並不加單位。假設「35,000英呎」時，不會讀出「35,000英呎」，而唸為「Flight Level 350（Three-Five-Zero）」。

而因為每個國家設定高度表撥定值的時間點都不同，當日本說「10,000英呎」，英國則會說「Flight Level 10」；美國說「17,000英呎」，日本則會說「Flight Level 17」。

▶ 高度撥定

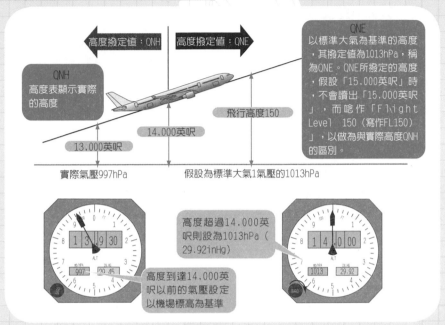

高度撥定值：QNH

高度撥定值：QNE

QNH
高度表顯示實際的高度

QNE
以標準大氣為基準的高度，其撥定值為1013hPa，稱為QNE。QNE所撥定的高度，假設「15,000英呎」時，不會讀出「15,000英呎」，而唸作「Flight Level 150（寫作FL150）」，以做為與實際高度QNH的區別。

飛行高度150

14,000英呎

13,000英呎

實際氣壓997hPa

假設為標準大氣1氣壓的1013hPa

高度超過14,000英呎則設為1013hPa（29.92inHg）

高度到達14,000英呎以前的氣壓設定以機場標高為基準

▶ 空中巴士A330

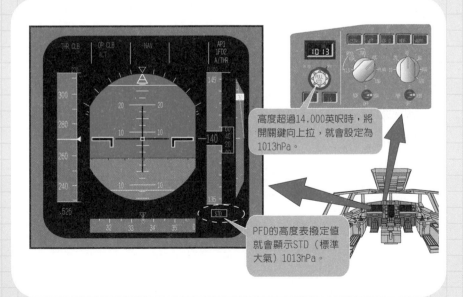

高度超過14,000英呎時，將開關鍵向上拉，就會設定為1013hPa。

PFD的高度表撥定值就會顯示STD（標準大氣）1013hPa。

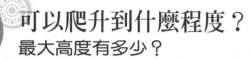

4-06 可以爬升到什麼程度？
最大高度有多少？

　　在到達巡航高度的前1,000英呎（305m），負責飛機操縱以外的飛行員PNF會唸出「1,000 to Level off」，這是爲了讓飛行員之間互相確認「在到達水平飛行的高度還剩1,000英呎」。假設巡航高度爲Flight Level 360（FL360），當飛機通過FL350時，PNF就要Call out。不只是爬升時需要實施高度確認，下降時也應在水平飛行前再度確認。

　　到達巡航高度所需要的時間、距離、燃料，會因爲爬升速度的不同，而有相當大的差異，因此，通常都會依據最主要的目的來選擇方式。

　　首先，使用最大爬升角度的爬升方式，稱爲最佳爬升坡度速度。眼前即將遭遇雷雨區、機場周邊有障礙物、或爲了減低噪音等情況下，希望在短距離內爬升較高的高度時，就會採用這種爬升方式。另外還有一種是使用爬升率最大的最佳爬升率速度。爲了能更有效率的提早進入巡航高度，大多數的飛機在實際飛行時較趨向於選擇這種起飛方式。此外，在航班密集的航線上，飛機必須盡可能縮短占據該航線的時間時，會採取高速爬升方式（當然巡航也是高速）。

　　不論是哪一種爬升方式，高度愈高，空氣就會愈稀薄，引擎推力也會愈小，上升率就會漸漸減少，當上升率來到300英呎/分鐘（91m/分鐘）的高度時，稱爲爬升限度，這就是可爬升的最大高度。

▶ 代表性的爬升方式

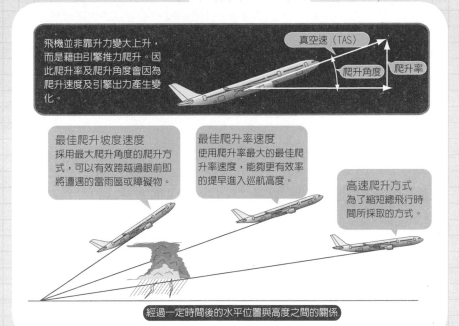

飛機並非靠升力變大上升，而是藉由引擎推力爬升。因此爬升率及爬升角度會因為爬升速度及引擎出力產生變化。

真空速（TAS）
爬升角度
爬升率

最佳爬升坡度速度
採用最大爬升角度的爬升方式，可以有效跨越過眼前即將遭遇的雷雨區或障礙物。

最佳爬升率速度
使用爬升率最大的最佳爬升率速度，能夠更有效率的提早進入巡航高度。

高速爬升方式
為了縮短總飛行時間所採取的方式。

經過一定時間後的水平位置與高度之間的關係

▶ 爬升限度

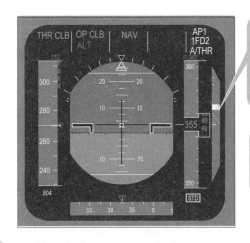

300英呎/分鐘換算為時速，約為5km/小時，和人步行的速度差不多。此時，高度表幾乎不再變動，也感覺不到爬升了。

上升率來到300英呎/分鐘（91m/分鐘）的高度時，稱為爬升限度，這就是實際可爬升的最大高度。

4-07 利用量測儀表進行盤旋
怎麼進行盤旋？

　　飛機繼續爬升的同時會開始盤旋。所謂盤旋，是飛機在空中以畫圓的方式飛行以改變方向，這和機車轉彎時會傾斜的原理一樣，為了對抗離心力，飛機也必須進行一定的傾斜。在天空飛行時，不光只是在雲層裡，即使是在萬里無雲的藍天中，單單從駕駛艙前方玻璃往外看，是無法判斷飛機的傾斜狀況的，因此，改變飛機姿態的同時，一定得邊確認PFD（Primary Flight Display）上的資訊。

　　在三度空間飛行的飛機，其表達方向的術語有三個：傾斜（Bank）是飛機的左右傾斜；俯仰（Pitch）是飛機的上下傾斜；航向（Heading）則是機首的方向。利用這三個指標來顯示飛機正確的方位。表現方式，則是以例如「Bank 30°右迴旋」、「Pitch 5°上抬」、或「航向Heading 270°」等。

　　接著，我們以空中巴士A330的PFD為例，說明實際盤旋狀態。當開始航向Heading 270°右迴旋時，水平線會向左傾斜。傾斜（Bank）角則應確認與和水平線垂直的「Roll Index」（滾轉指針）的指示位置。一格刻度相當於10°，當指針指到第3格，則意味左右傾斜角度為30°。

　　另一方面，方位指示表往270°的方向，數值漸漸增加，下一頁圖中顯示的是方位正通過255°的時間點，當方位角度快到達270°前，傾斜（Bank）角會開始漸漸變小，等航向角度到達270°時，傾斜（Bank）角就會歸零，完成了盤旋的程序。

▶ Bank・Pitch・Heading

所謂盤旋，是飛機在空中以畫圈的方式飛
行以改變方向，這和機車轉彎時會傾斜的
原理一樣，為了對抗離心力，飛機也必須
進行一定的傾斜。

Bank：飛機的左右傾斜
圖中例子是右傾30°。

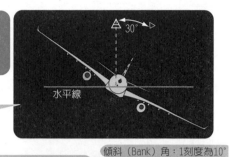

水平線

Roll Index（滾轉指針）

傾斜（Bank）角：1刻度為10°

俯仰角°：1刻度為2.5°

飛機標示

水平線

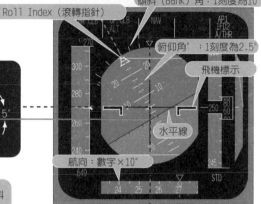

水平線

航向：數字×10°

Pitch：是飛機的上下傾斜
機首向上為仰，向下為俯
圖中例子是仰角5°。

Heading：方位
通常會指向磁方位，當要與地圖上
的方位「真方位」作區別時，真方
位稱為「True Heading」磁方位則
稱為「Mag Heading」。圖中例子是
正往Heading 270°盤旋，目前通過
255°。

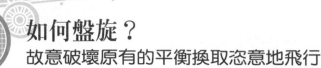

如何盤旋？
故意破壞原有的平衡換取恣意地飛行

　　從靠窗的座位向外看機翼，會看到副翼（Aileron）即使只有些微的作動，都會造成飛機大幅度的傾斜；當副翼歸位時，飛機也仍然保持傾斜。這和汽車轉彎時一定得持續轉動方向盤的原理大不相同。讓我們一起探討其中的原因。

　　在摺紙飛機的時候，如果沒有妥善分配平衡，紙飛機就無法筆直的飛行。飛機也一樣，機翼只要有一點點的彎折，就會造成飛機向左急轉彎或向右急速下降。真正的飛機，和紙飛機一樣，最重要的就是平衡；但換個角度想，如果能夠有技巧的破壞平衡，反而能夠自由自在的改變方向。能夠巧妙破壞平衡的裝置，是主翼上的副翼（Aileron）、水平尾翼上的升降舵（Elevator）、和垂直尾翼上的方向舵（Rudder）。

　　當飛機筆直飛行的時候，將飛機的操縱桿向右轉動（或將側置操縱桿向右扳動），左翼的副翼會向下作動，右翼的副翼則向上作動，同時撐起擾流板（減少升力並增加阻力的板子），此時，左翼的升力會增大，右翼的升力變小，左右翼之間的平衡被破壞，飛機會開始向右傾斜。然而，左右翼若持續著不平衡的狀態，飛機將愈來愈斜，因此為了維持傾斜狀態的平衡，副翼必須再度歸位，當傾斜角（Bank）到達預期的角度後，操縱桿會回到原本中立的位置。

　　盤旋過程中，方向舵所扮演的角色，並非是字面上操控方向的功能，而是扮演協助盤旋順暢進行的輔助角色，並非主角。

▶ **直線飛行**

正常狀態下的升力分布狀況。左右均勻支撐，因此能夠保持平衡。

操縱桿位於中立（Neutral）位置

▶ **開始向右盤旋**

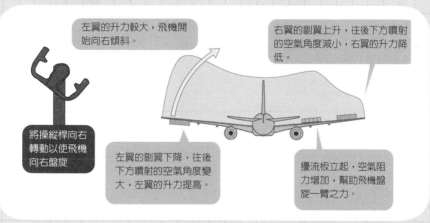

左翼的升力較大，飛機開始向右傾斜。

右翼的副翼上升，往後下方噴射的空氣角度減小，右翼的升力降低。

將操縱桿向右轉動以使飛機向右盤旋

左翼的副翼下降，往後下方噴射的空氣角度變大，左翼的升力提高。

擾流板立起，空氣阻力增加，幫助飛機盤旋一臂之力。

▶ **右盤旋進行中**

左右升力平均，維持一定的傾斜角（Bank），就可以穩定的盤旋。

傾斜角（Bank）到達預期的角度後，操縱桿會回到原本的位置

空中巴士300和波音B747-400系列的飛機，飛行員所操縱的操縱桿會透過鋼纜（金屬製的繩索）與副翼或升降舵的油壓作動裝置（actuator）連動。這就像現在已經蔚為主流的汽車動力方向盤，為了避免高速行駛時方向盤突然打滑，因此當汽車高速行駛時，方向盤會較沉重。飛機也運用了相同的原理，當高速飛行時，體積較大的舵面轉動，會使乘客產生不舒適感，飛機也得消耗多餘的力量。

　　因此，當操縱桿的轉動角度愈大，就會感覺副翼愈沉重；飛機速度愈快，也會有升降舵的重量愈重的感覺，這就是飛機被賦予的人工操縱感覺。不過，利用腳操作的方向舵踏板無法設計變重的感覺，取而代之的是，當飛機速度愈快時，踩踏板所帶動的方向舵作動範圍會愈小，藉此幫助垂直尾翼不需浪費多餘的力道。

　　到了空中巴士A320以後的機型，把以往機械式連桿控制裝置改為電子訊號來驅動副翼、升降舵等致動器的Fly By Wire（FBW）成為主流。飛行員利用控制操縱裝置的電腦來驅動各致動器，但空中巴士機與波音機在設計上，仍有顯著不同。空中巴士機所採用的是側置操縱桿而非傳統操縱桿，因此當飛行員的操作過於劇烈時，會由內部設定的保護功能防止飛機失速或過負荷；而波音B777則是採用傳統操縱桿，保留了和以往飛機在高速時操縱桿會變重的感覺來防止操作過劇烈。

▶操縱桿與鋼纜

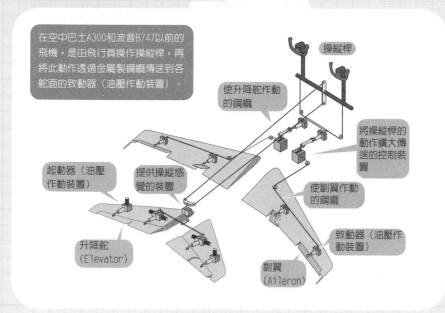

在空中巴士A300和波音B747以前的飛機,是由飛行員操作操縱桿,再將此動作透過金屬製鋼纜傳送到各舵面的致動器(油壓作動裝置)。

操縱桿

使升降舵作動的鋼纜

將操縱桿的動作擴大傳送的控制裝置

起動器(油壓作動裝置)

提供操縱感覺的裝置

使副翼作動的鋼纜

升降舵(Elevator)

致動器(油壓作動裝置)

副翼(Aileron)

▶Fly By Wire(FBW)

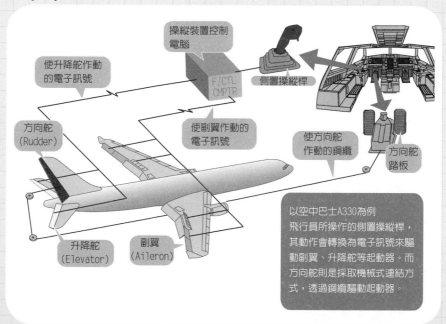

操縱裝置控制電腦

使升降舵作動的電子訊號

側置操縱桿

F/CTL CMPTR

方向舵(Rudder)

使副翼作動的電子訊號

使方向舵作動的鋼纜

方向舵踏板

升降舵(Elevator)

副翼(Aileron)

以空中巴士A330為例
飛行員所操作的側置操縱桿,其動作會轉換為電子訊號來驅動副翼、升降舵等起動器。而方向舵則是採取機械式連結方式,透過鋼纜驅動起動器。

4-10 何時可以啟動自動駕駛？
啟動時間提早了

　　被稱作夢幻噴射機的波音B727，其標準航行方式中，可以啟動自動駕駛系統的時間點，就算再快，也得等襟翼完全收起，起飛終了後才能飛行。然而，到了空中巴士A330及波音B777系列，在機輪離地後的低空中啟動自動駕駛系統卻成為標準航行方式。其中的原因是什麼呢？

　　首先，讓我們先看看控制自動駕駛系統的面板。B727僅僅透過一個旋鈕來控制飛機。如此想來，「啟動」B727的自動駕駛系統，和「取消」A330自動駕駛系統，改為用側置操縱桿駕駛飛機程序竟然相似。而B727操縱自動駕駛系統的旋鈕，並無法控制細微的速度設定或爬升率的管理；因此，必須嚴格控管速度及上升率的動作，例如收起襟翼的操作等完成之前，不允許啟動自動駕駛系統。

　　然而，到了A330與B777這些機種，受惠於電腦的發達及陀螺儀精度的提升，這些精密的操控變得有可能了。在起飛初期的階段就啟動自動駕駛系統，飛行員能夠一邊透過按鍵或旋鈕微調速度、方位、高度、上升率等參數，一邊執行起飛操縱。

　　不僅如此，精密的自動駕駛系統還能在緊急事件發生時，為飛行員爭取確認問題點與處置方法的時間，大幅減輕了飛行員的工作量。基於以上種種原因，現在的飛機自動駕駛系統才得以提早啟動。

▶ B727的自動駕駛系統

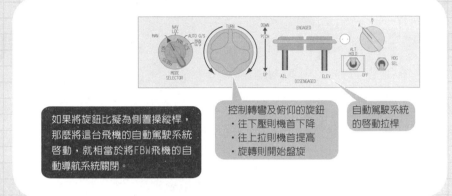

如果將旋鈕比擬為側置操縱桿，那麼將這台飛機的自動駕駛系統啟動，就相當於將FBW飛機的自動導航系統關閉。

控制轉彎及俯仰的旋鈕
・往下壓則機首下降
・往上拉則機首提高
・旋轉則開始盤旋

自動駕駛系統的啟動拉桿

▶ A330的自動駕駛系統

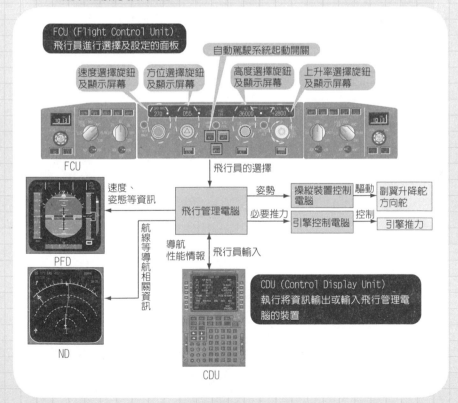

FCU (Flight Control Unit)
飛行員進行選擇及設定的面板

自動駕駛系統起動開關

速度選擇旋鈕及顯示屏幕

方位選擇旋鈕及顯示屏幕

高度選擇旋鈕及顯示屏幕

上升率選擇旋鈕及顯示屏幕

FCU

飛行員的選擇

速度、姿態等資訊

PFD

航線等導航相關資訊

飛行管理電腦

姿勢

必要推力

導航性能情報

飛行員輸入

操縱裝置控制電腦

驅動

副翼升降舵方向舵

引擎控制電腦

控制

引擎推力

ND

CDU (Control Display Unit)
執行將資訊輸出或輸入飛行管理電腦的裝置

CDU

4-11 靠著一顆旋鈕就能進行盤旋
側置操縱桿與傳統操縱桿的差異

　　一般而言，當起飛且啟動自動駕駛系統後，就會開始採取標準出發方式及可自動航行於航線上的自動導航系統。但是，在起降班機較多的機場，通常會透過航管人員以雷達做為引導，並隨時下達關於飛機的速度、方位、及高度等指令。此時，飛行員就不會採用自動駕駛系統的自動導航功能，而改用FCU（Flight Control Unit）或MCU（Mode Control Panel）來控制飛機的速度、方位、及高度。

　　假設現在收到「將機首朝向340°」的指令，就必須先把方位旋扭轉到340，接下來，方位表的指針會轉到340°，飛機開始朝向340°的方位盤旋。上述的操作，不論是A330或B777都一樣；但是，A330在盤旋時，側置操縱桿並不會移動，而B777的操縱桿卻會如同有透明人在操縱般轉動。這就和自動推力控制系統一樣，A330的動力操縱桿會在固定位置，而B777的動力操縱桿則會跟著引擎推力的變化而移動。

　　此外，能夠將資訊傳輸到FMS（飛航管理系統）的CDU（Control Display Unit）裝置也擁有控制速度的功能，但通常都得低下頭來輸入，而造成短時間無法監視外部或監控儀表的監控死角。因此，負責選擇速度、方位，並控制自動駕駛系統的，屬於FCU的工作；依照飛行管理電腦所傳來的資訊進行控制的，就屬於FMS。若以優先順序來說，FCU為第一順位。

▶ A330

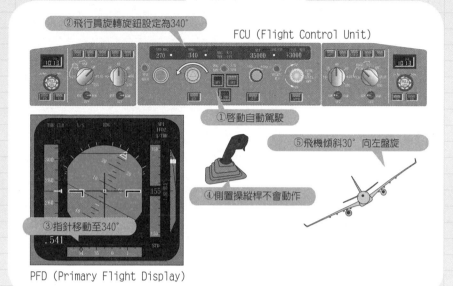

②飛行員旋轉旋鈕設定為340°

FCU (Flight Control Unit)

①啟動自動駕駛

⑤飛機傾斜30°向左盤旋

④側置操縱桿不會動作

③指針移動至340°

PFD (Primary Flight Display)

▶ B777

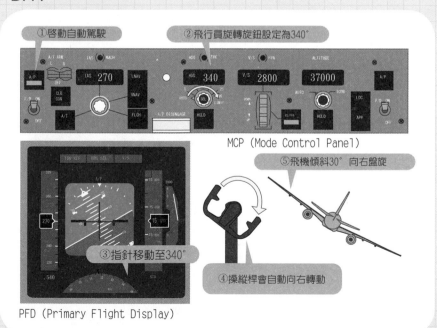

①啟動自動駕駛

②飛行員旋轉旋鈕設定為340°

MCP (Mode Control Panel)

⑤飛機傾斜30°向右盤旋

③指針移動至340°

④操縱桿會自動向右轉動

PFD (Primary Flight Display)

點亮外部燈的目的

當起飛許可下達後，不論晝夜，飛機都必須點亮外部燈光後，才能開始起飛。空中巴士機即使在白天，所有外部燈都會點亮，而波音機則只會將機翼根部的燈點亮。這是因為當開啟所有燈源起飛時，若前輪的燈持續點亮，波音機格納室會產生發熱的危險。因此，當前輪收起後，前輪的燈會自動熄滅。但是，考量到電燈可能不如預期的自動熄滅，飛行員仍會在機輪收起後，將前輪燈的開關關閉。

明明是白天卻要開燈，主要是為了將鳥擊的危險降到最低，等到了3,000公尺以上鳥兒飛不到的高空，就會再將所有電燈關閉。到了夜間，則得在飛機會機時點燈。假設空中交通管制傳來「12點鐘方向7英哩處有一架波音B777的班機，以Flight Level 280的高度往西方飛行」的通知，飛行員必須一邊監控外部實際狀況，一邊將燈點亮。接著，前方的飛機也會點燈，以便雙方辨識，這時即可向空中交通管制回覆「看見飛機了」。

此外，在航線的交叉點，例如愛知縣的河和上空，是好幾條航線的交會點，因此流量較大，有時才正打算向對方飛機點燈時，已經有好幾台飛機先行點燈了。

第5章

巡航～Cruise

當提示繫安全帶的燈號關閉後，

飛機就進入了安定的巡航。

巡航中的飛行員在做些什麼事呢？

巡航高度及飛機高度是如何決定的呢？

在這個章節中，我們將一一解答。

5-01 Level Off（進入水平飛行）
到達巡航高度後就進入水平飛行

當飛行員之間相互覆誦確認「1,000 to Level off」，飛機的機首會開始緩緩低下，一旦達到巡航高度，飛機就會自動進入水平飛行（Level off）狀態，引擎也會自動將推力從爬升推力轉換爲足以支持巡航飛行的推力。自動駕駛系統所控制的這一連串操縱十分順暢，在客艙的乘客幾乎不會特別感覺到飛機已經進入平飛階段。當飛機達到巡航高度且引擎也穩定的提供巡航推力時，整個駕駛艙會呈現一股「鬆了一口氣」的氣氛。

從爬升轉變爲巡航這個連續動作能夠自動進行，主要歸功於FMS（飛航管理系統）的開發。自動駕駛系統並非僅僅受控於FCU（Flight Control Unit）和MCP（Mode Control Panel），還必須靠FMS系統提供從爬升到巡航的流暢轉換，並計算及控制巡航速度。必須頻繁調整方位及速度的起降，得靠飛行員操作面板來控制；從爬升到巡航，則交給FMS系統來管理了。

沒有配備FMS系統的波音B727系列飛機，即使設定爲自動駕駛，從爬升到巡航的轉換，仍須由飛行員進行操控。而旋鈕的操作，往往會造成機首降低幅度過大，使得乘客產生類似搭電梯般的不快感；或是在飛機的上升率仍未降低的狀態下，按下維持高度的按鍵，使得飛機姿態急速改變，讓乘客感覺不適，因此，在這種情況之下進入水平飛行，是需要非常純熟的操作技巧的。

▶ 波音B777

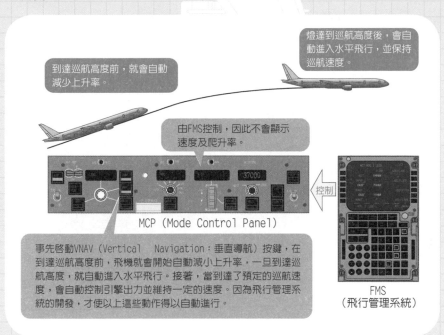

燈達到巡航高度後，會自動進入水平飛行，並保持巡航速度。

到達巡航高度前，就會自動減少上升率。

由FMS控制，因此不會顯示速度及爬升率。

37000

MCP (Mode Control Panel)

控制

FMS
（飛行管理系統）

事先啟動VNAV（Vertical Navigation：垂直導航）按鍵，在到達巡航高度前，飛機就會開始自動減小上升率，一旦到達巡航高度，就自動進入水平飛行。接著，當到達了預定的巡航速度，會自動控制引擎出力並維持一定的速度。因為飛行管理系統的開發，才使以上這些動作得以自動進行。

波音B727

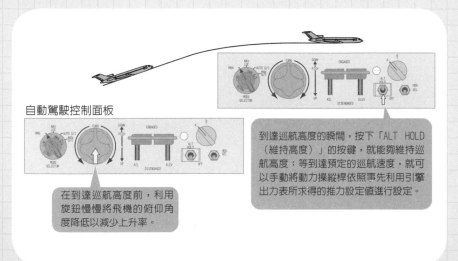

自動駕駛控制面板

到達巡航高度的瞬間，按下「ALT HOLD（維持高度）」的按鍵，就能夠維持巡航高度；等到達預定的巡航速度，就可以手動將動力操縱桿依照事先利用引擎出力表所求得的推力設定值進行設定。

在到達巡航高度前，利用旋鈕慢慢將飛機的俯仰角度降低以減少上升率。

長程巡航是階段式上升巡航
隨著機體愈輕慢慢提升高度

雖然當飛機到達巡航高度後飛行員終於能夠鬆一口氣,但輕鬆也只是一會兒工夫,因為接下來就要思考巡航高度了。這次我們以波音B777-300ER從東京飛紐約的班機做為例子。

一般而言,飛機在高度較高的高空飛行,其燃油消耗率會較好。然而,像國際線這種飛機重量較重的班機,要刻意上升到高空飛行,光是支撐飛機重量,就可能使飛機姿態不佳,反而造成燃油的額外消耗。因此,燃油消耗率最好的高度,稱為最佳高度;而不同的飛機重量,會有其適合的最佳高度。

下頁的圖例中,起飛重量343公噸的最佳高度為31,000英呎,但絕不可能在12多小時的航程中都以這樣的高度飛航。飛機本身的重量雖不會改變,但燃油重量卻會隨著飛行時間的增加而減輕,這使得飛行初期的最佳高度,會因為飛機愈來愈輕,反而成為較浪費燃料的高度了。因此,像國際線這種遠距離巡航的航線,會不斷重新計算最佳高度並反覆進行爬升動作的巡航方式,稱為階段式上升巡航。

假設長程巡航不採取階段式上升巡航,而以最初設定的巡航高度飛行至目的地,則燃油的消耗就會多浪費1.7公噸。光是一個航程就浪費了10桶燃油,1年下來浪費的量將高達3,650桶,甚至更多。

▶ 巡航高度

B777-300ER起飛
重量343公噸
(756,000磅)

東京到紐約 11,466km (6,191英哩)

降落重量239公噸
(526,000磅)

飛行重量298公
噸可階段式上
升至33,000英
哩

飛行重量266
公噸可階段式
上升至35,000
英哩

43分
FL370

3小時5分
FL350

3小時55分
FL330

1小時10分
FL320

2小時50分
FL310

上升
20分

降下
25分

飛行時間：12小時28分　　燃料消耗量：104,099kg　(229,500磅)

上升
20分

11小時50分
FL310

降下
20分

飛行時間：12小時30分　　燃料消耗量：105,778kg　(233,200磅)

如果不採取階段式上升巡航而全程以FL310的高度飛行，則
・所需時間增加2分鐘
・消耗的燃料增加1,678kg

短程巡航
以總燃油消耗來決定高度及航線

　　巡航距離較短的國內線，不會採取階段式上升巡航，而多以固定的高度巡航。短距離的航班，其裝載的燃料較少，飛機本身也比較輕，若以燃料消耗的角度衡量，它的最適高度應該相當高。以實際例子來說，假設從羽田機場到伊丹機場的航班以最適高度巡航，當飛機才剛達到巡航高度，又得立刻開始下降高度。因此，短距離航線通常都不會選擇最適高度，而會以包括爬升、下降的總燃油消耗最少的高度進行巡航。

　　另外，若是像羽田機場到福岡機場這種較長距離的航線，則又以最適高度巡航較節省燃料。但是，若在如冬天這種噴射氣流（偏西風的強風帶）較強勁的天候狀況下，即使選用了最適高度飛行，也會像划船逆流而上般吃力而無法順利前進；此時，選擇低於最適高度的高度飛行，雖然燃油消耗較多，但受噴射氣流的影響卻較少，反而能到縮短飛行時間和改善燃油消耗量的雙重優點。

　　而當要從福岡機場回羽田機場，則會反過來選擇有順風幫助的高空進行飛航。以最適高度飛行，同時又有順風的一臂之力，飛機則如虎添翼，不但速度增快，更能節省燃料。通常，國際線航班較有順風優勢，例如從日本往夏威夷或美國西岸的航班，就時常選擇能搭上順風的高度及航線飛行。

▶ 短程巡航的巡航高度

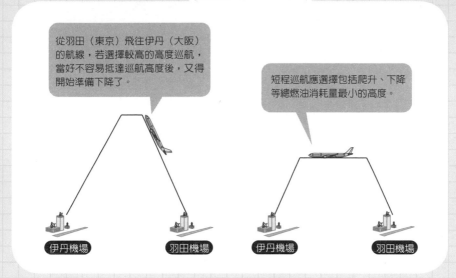

從羽田（東京）飛往伊丹（大阪）的航線，若選擇較高的高度巡航，當好不容易抵達巡航高度後，又得開始準備下降了。

短程巡航應選擇包括爬升、下降等總燃油消耗量最小的高度。

伊丹機場　　羽田機場　　伊丹機場　　羽田機場

▶ 噴射氣流強勁時

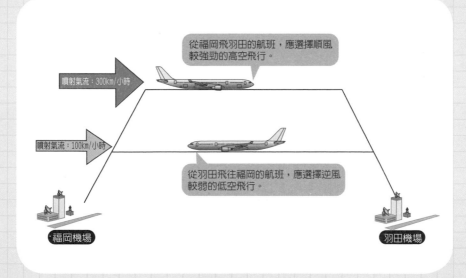

從福岡飛羽田的航班，應選擇順風較強勁的高空飛行。

噴射氣流：300km/小時

噴射氣流：100km/小時

從羽田飛往福岡的航班，應選擇逆風較弱的低空飛行。

福岡機場　　羽田機場

5-04 以ECON速度降低飛行成本
巡航速度

　　就如同有最適高度可將燃油消耗降到最低，當然也有可以減少燃油消耗的最適速度。汽車的燃油消耗是以一公升可滑行的距離作為判斷基準，航空界則是以單位燃油量的滑行距離，稱為續航距離，及燃油消耗優劣的續航力做為基準，以例如每10,000磅（約4.5公噸）燃油的續航距離來表示。

　　續航力與飛行速度之間的關係，可從下頁圖表中的曲線一窺一二。曲線呈現一個倒置的湯匙，湯匙底部，就是最大續航力，以這個速度巡航，即稱為最大續航距離巡航（MRC：Maximum Range Cruise）。但是因為這樣的速度過慢，通常會採取稍稍犧牲續航力，但速度較快的長程巡航（LRC：Long Range Cruise）。

　　而現在蔚為主流的ECO（經濟的），不只是汽車世界裡的話題，航空界也一樣以ECO為導向。以航運整體成本為考量的速度（在航空業界稱作ECON Speed）進行巡航，稱為經濟巡航方式（ECON Cruise），目前也是主流的巡航方式。航運成本包括了整備維修費用、保險費用、降落費用、甚至包括機組成員的薪水等等，所有的成本，都會和時間長短有連帶關係，某種程度上也可稱為時間成本。例如，若飛航時間愈長，就必須支付機組人員加班的費用等等。因此，當燃料便宜時，可能會偏重於時間的節省而提高速度；當燃料成本高漲時，會倒過來強調續航力等等，可以由各家航空業者自行設定。

　　可以確定的是，複雜的ECON Speed不再只是紙上談兵，航空業界已經透過飛行管理系統實際運用在飛機上了。

▶巡航方式

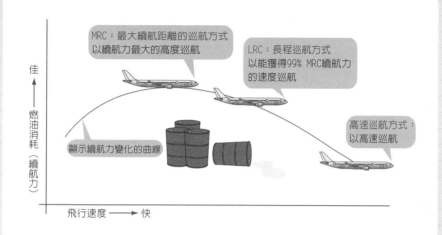

MRC：最大續航距離的巡航方式
以續航力最大的高度巡航

LRC：長程巡航方式
以能獲得99% MRC續航力
的速度巡航

高速巡航方式：
以高速巡航

顯示續航力變化的曲線

佳 ← 燃油消耗（續航力）

飛行速度 → 快

▶ECON速度

$$CI\ (Cost\ Index) = \frac{航運成本}{燃料成本}$$

（航運成本：扣除燃料費用之外的費用，包
括機組人員的薪資、維修保養費用、保險
費用、降落費用等為了航運所必須支出的
費用，甚至包含時間成本。）

CI的定義如以上公式，而各航空業者能各自設定CI以計算出ECON速度。

若重視燃料成本則將CI值設小，若重視航運成本則將CI值設大。

這種不只考慮燃油消耗，同時也將航運成本納入考量的巡航方式，就稱為經濟
巡航（ECON Cruise）。

飛行速度：慢 ◀　　　CI（Cost Index）與速度的關係　　　▶ 飛行速度：快

CI＝0　　　　CI＝40～50　　　CI＝60～130　　　CI＝999

MRC：最大續航距離巡航　　LRC：長程巡航　　ECON：經濟巡航　　　高速巡航

5-05　FMS（飛行管理系統）
為了能順暢飛行而存在的裝置

要了解FMS（飛行管理系統）的功能，我們得先回到飛行員行前準備的操作。

首先，出發前，在停機坪等待時，飛行員必須先透過MCDU（Multipurpose Control Display Unit）將目前位置的經緯度輸入到FMS系統中，如此就可以計算飛機從最初的位置開始，總共移動了多少距離。接下來，輸入飛機的起飛重量，系統會自動計算出最適高度、起飛速度、爬升速度、經濟巡航速度、降落速度等。最後，出發前的最後一道手續，就使得選擇起飛的跑道、標準出發方式、及與飛航計畫相符的飛航路線。

以上這些由飛行員輸入或選擇的參數，會由飛行管理電腦所擁有的資料庫進行同步處理，並轉換為FMS系統中的

- ・起飛到降落的航線導航（導航管理）
- ・控制在爬升、巡航、下降等過程中能夠流暢進行的飛機姿態與推力（飛行管理）
- ・計算可發揮最佳性能的速度（性能管理）
- ・將飛行資訊顯示在儀表上（顯示功能）

具體而言，FMS系統能使飛機能夠穩定地轉換為經濟速度爬升及巡航，航線導航、顯示通過各中繼點的預定時刻及預計剩餘燃料、甚至是當遇到雷雨雲時，都只要輸入方位及距離就得以成功閃避。

此外，階段式上升巡航起動的高度及時間點、接近目的地準備下降高度的時間點、或是引擎故障時的性能等，FMS系統可以隨時提供飛行員最需要的即時資訊。

▶FMS（飛行管理系統）

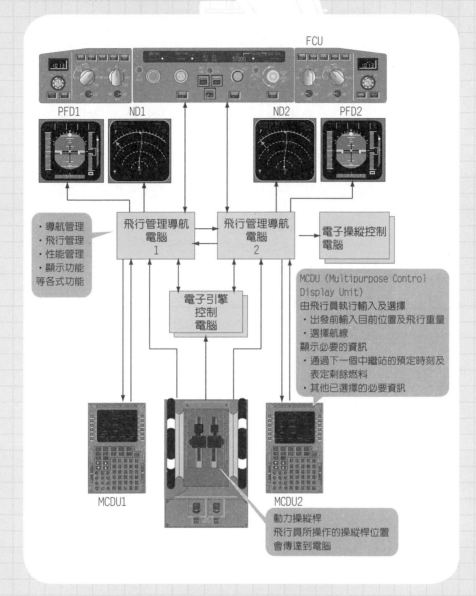

FCU

PFD1　ND1　ND2　PFD2

・導航管理
・飛行管理
・性能管理
・顯示功能
等各式功能

飛行管理導航
電腦
1

飛行管理導航
電腦
2

電子操縱控制
電腦

電子引擎
控制
電腦

MCDU (Multipurpose Control
Display Unit)
由飛行員執行輸入及選擇
・出發前輸入目前位置及飛行重量
・選擇航線
顯示必要的資訊
・通過下一個中繼站的預定時刻及
　表定剩餘燃料
・其他已選擇的必要資訊

MCDU1　MCDU2

動力操縱桿
飛行員所操作的操縱桿位置
會傳達到電腦

如何在航線上飛行
連結地面上各地點的中繼點

飛航路線，是由中繼點（地面上的各地點）所構成。飛機擁有一個非常重要的功能，就是可自動沿著各中繼點所連接而成的航路飛行，稱為自動導航。讓我們一起確認自動導航的構造吧。

波音B727系列也有透過地面上電波導引的自動導航功能，但每經過一個中繼點，就必須切換一次方向及週波數，且若位於電波無法接收的區域，就會失去自動導航的功能。然而到了B747系列，飛機的自動導航不再依靠電波，改為利用陀螺儀及加速度來求得飛機本身位置的慣性導航系統（INS），飛機開始可以在各個中繼點上自動飛航。

即使如此，出發前的準備工夫仍舊相當繁瑣。因為飛行員得唸出各個中繼點的經緯度，例如「N35323」、「E139465」，並一一輸入。輸入完成後，電腦會將各中繼點的距離及方位算出，飛機才得以正確的在各個中繼點上飛行。

這樣麻煩的狀況，到B777世代終於被解決了。飛機本身內建許多到達目的地的標準航線，只要選擇一個與飛航計畫中相同的航線，所有期間應經過的中繼點就會自動輸入。此外，比起B747系列用於確認位置的水平位置指示儀（HIS），新的ND（Navigation Display）能夠顯示從上空往下看的機身影像，對於飛機本身的相關位置，就更一目瞭然了。

▶ 航線與中繼站

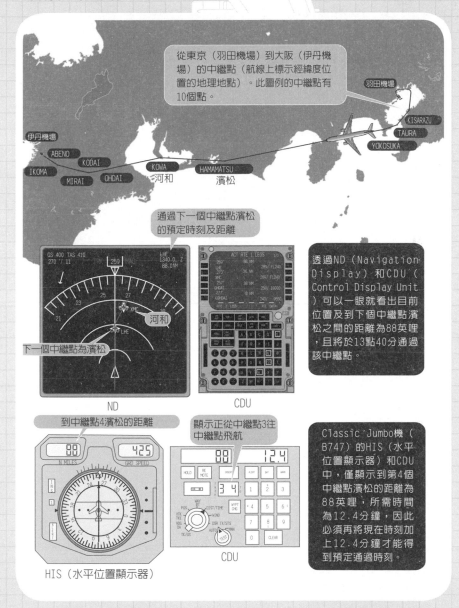

從東京（羽田機場）到大阪（伊丹機場）的中繼點（航線上標示經緯度位置的地理地點）。此圖例的中繼點有10個點。

通過下一個中繼點濱松的預定時刻及距離

下一個中繼點為濱松

ND

CDU

透過ND（Navigation Display）和CDU（Control Display Unit）可以一眼就看出目前位置及到下個中繼點濱松之間的距離為88英哩，且將於13點40分通過該中繼點。

到中繼點4濱松的距離

顯示正從中繼點3往中繼點飛航

HIS（水平位置顯示器）

CDU

Classic Jumbo機（B747）的HIS（水平位置顯示器）和CDU中，僅顯示到第4個中繼點濱松的距離為88英哩，所需時間為12.4分鐘，因此必須再將現在時刻加上12.4分鐘才能得到預定通過時刻。

5-07 不容忽視的剩餘燃料確認
每通過一個中繼點就必須與飛航計畫進行比對

　　雖然飛機能夠自動沿著航線飛行，卻不代表飛行員在這段期間就無事可做。除了要監控飛航狀況外，最重要的是必須在通過各個中繼點時，確認飛機的剩餘燃料。

　　飛機到達目的地所需的燃料量，是依據旅客預約狀況而異的飛機重量、與目的地之間的距離、飛行速度、上空的風速、及外氣溫度等參考數值來計算而成。上空的風速或是氣溫狀態，則是由世界區域預報中心（WAFC）這個負責製作國際航空氣象情報的機構所提供；而實際飛航時，往往會因為其資訊的準確性而大吃一驚。

　　即使如此，計算出來的所需燃料量，仍會發生誤差。例如，往美國東岸的航線，是稱為NOPAC的北太平洋航線。NOPAC本身就屬於交通流量較大的航線，經過此處的航班又多為同一機種，使得飛行高度和速度都相當接近，因此常會發生無法在原定高度飛行，或被限制飛行速度等狀況。飛行的高度與速度一旦改變，燃料的消耗量當然也會有所不同。

　　正因為如此，剩餘燃料的確認更顯重要。和飛航計畫一起製成的飛航日誌，詳細記錄了預定飛行時間與剩餘燃料。在實際飛航時，飛行員必須記錄通過每一個中繼點的時間與當時的剩餘燃料，將此數值與預定剩餘燃料作比對。雖然差異不小，只要不超過補正燃料值，以下頁圖表來看，差異在11,500磅（5,220kg）以內就無須擔心，而通常誤差並不會大到那種程度。

▶ 航空日誌範例

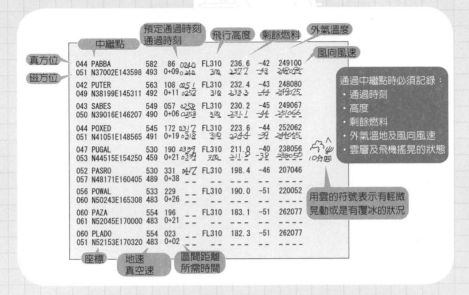

▶ 東京到紐約的燃料計畫（範例）

區分	機場	時間	單位(磅)	單位(kg)
B/O	KJFK	12+28	229500	104100
CON		00+48	11500	5220
ALT	KEWR	00+23	6300	2860
HLD		00+30	7100	3220
TXI			1500	680
EXT		0	0	0
FOB		14+09	255900	116080

B/O：消耗燃料
依據預測的飛行重量、高度、速度、上空的天氣狀況所計算出到達目的地所需消耗的燃料
CON：補正燃料
為了將計算出的消耗燃料與實際消耗量之間差異補正所用的燃料
ALT：替代燃料
當無法在原定降落機場降落時，轉移到替代機場所需消耗的燃料
HLD：空中待機燃料
在替代機場上方待機所需的燃料
TXI：滑行燃料
從出發閘門到跑到所需的燃料
EXT：預備燃料
在航線上遇到壞天氣、目的地機場或替代機場的氣象預報天候不佳等狀況，為了維持航運所準備的燃料
FOB：以上所有燃料的總計，飛機實際上所搭載的燃料總量

從哪個位置的燃料開始使用？
與機翼強度及重心位置有關

　　為了控制飛機能在姿態改變的狀態下，燃料也不會任意流動，飛機的油箱會分隔為左右機翼及機腹中央等位置。而放置於機翼內的燃料，同時也扮演著抵銷機翼根部受力，所謂重力石的功能。因此，供給引擎燃料的同時，也必須確保飛機的重心位置不會失衡，造成機翼根部受力過重的危險。飛行員是利用怎麼樣的操作，將燃料精確的供給給引擎呢？

　　Classic Jumbo機（B747-200）會從中央油箱開始供應燃料給所有的引擎，當中央油箱用完了，再從機翼的油箱接著供給。波音B777也一樣，首先由中央油箱開始供應燃料。為了將燃料供應給引擎，不論是中央油箱或是其他油箱，油箱裡的燃料幫浦都會作動；而幫浦的吐出力，又以中央油箱的幫浦最大，因此多由中央油箱供給兩個引擎燃料，當中央油箱幫浦故障時，為了順利將燃料送出，所有的幫浦都會一起作動。

　　另一方面，空中巴士A330-200則不利用中央油箱直接供給燃料給引擎，而是將中央油箱的燃料先轉移到左右機翼的油箱，再由機翼內的幫浦將燃料送至引擎。不論是空中巴士機或是波音機，燃料的供給都是自動進行；而Classic Jumbo機則必須確認各油箱內的剩餘燃料後再手動進行。

▶ 燃料控制面板

B747-200的燃料控制面板

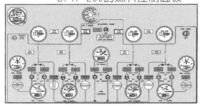

Classic Jumbo (B747-200) 的燃料控制
7個油箱、6個制動閥、10個燃料幫浦都
可以各自作動,以便控制機翼根部不至
於承受過多力道,並將飛機的重心維持
在適當位置的燃料管理。

A330-200的燃料控制面板

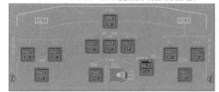

空中巴士A330-200的燃料控制
不利用中央油箱直接供給燃料給引擎,
而是將中央油箱的燃料先轉移到左右機
翼的油箱,再由機翼內的幫浦將燃料送
至引擎。為了不使機翼根部承受過多的
力道而保持平衡並自動執行。

▶ 燃料供給(範例)

B777的燃料控制面板

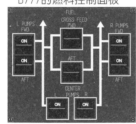

B777的EICAS系統面板

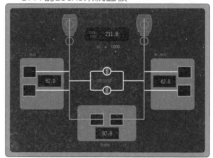

右翼油箱　左翼油箱　中央油箱

波音B777的燃料控制
即使所有的燃料幫浦都作動,其吐出力
仍不敵中央油箱的燃料幫浦,因此會從
中央油箱的燃料開始供應給引擎。等到
中央油箱的燃油用盡,燃料幫浦會自動
停止,再由其他各油箱繼續供應。

能夠飛得多遠？
酬載量與燃料之間惱人的關係

　　飛機的續航距離，並不像汽車加滿油能跑多遠那樣單純。飛機的續航距離，在於多大的酬載量之下，能移動多少距離；這之間的關係，可以由下頁的圖表酬載量／續航距離來表示。

　　幾乎所有的飛機，在客滿及貨物滿載，也就是酬載量最大的狀態下，是不可能將燃料裝滿的。如果單純爲了能夠以最大酬載量的狀態飛得更遠而把燃料加滿，會使得飛機重量超過最大起飛重量而根本無法起飛。因此，爲了控制最大起飛重量，通常會犧牲酬載量，以配合燃料的需求。所以，下圖酬載量／續航距離的例子中，燃料滿載的狀態下，A380的最大酬載量約爲33公噸，B747-400約爲44公噸，B777-300ER則約爲39公噸。

　　在燃料滿載的狀態下要提高續航距離，勢必得減少酬載量以減輕飛機重量。若將酬載量歸零，也就是不載任何乘客及貨物，僅以飛機自身的重量（當然還包括飛行員的重量），將燃油加滿後所能飛行的距離，A380約17,500km，B747-400約15,300km，B777-300ER則約15,500km。

　　飛機規格表上所記載的續航距離，是以標準酬載量爲基礎計算出來的。例如，400名乘客加上行李、貨物的重量，總酬載量爲39.2公噸。以此標準酬載量計算出的續航距離，A380約爲15,600km，B747-400約13,300km，B777-300ER則約14,000km。

▶ 空中巴士A380的酬載量／續航距離

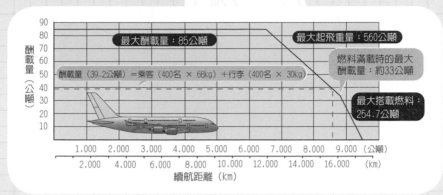

▶ 波音B747-400的酬載量／續航距離

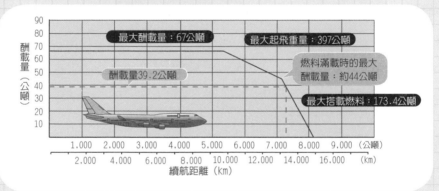

▶ 波音B777-300ER的酬載量／續航距離

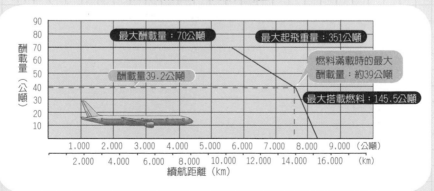

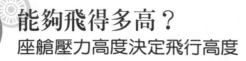
在10,000m的高空，外氣溫度約為零下50℃，外氣壓力約為地面壓力的20%以下。因此，於高空飛行的飛機都裝配有空調及加壓系統（維持機內溫度與氣壓，以使人體感到舒適的裝置）。機內適溫以24℃為基準，在夏天時，溫度會稍調高；而冬天則反而會將溫度調降一些。

然而，機內的氣壓設定可不像溫度設定那麼單純。假設，將機內氣壓維持在1大氣壓的狀態下上升，當高度愈高，因為外氣壓力愈低，會使得飛機如氣球般膨脹的力量愈大。當飛行高度到達11,000m時，機內與外部壓差所造成的膨脹力量為8.1公噸/m²；而當飛行高度來到13,000m時，機內與外部壓差所造成的膨脹力量則會變為8.7公噸/m²。而每次飛行讓飛機反覆的脹縮，將會使得飛機強度產生問題。

因此，為了不讓膨脹力隨著飛行高度而變化，配合外部氣壓變化來改變機內氣壓，能夠將壓差的影響降到最低；然而機內壓力的變化，卻又會影響客艙的舒適度，所以，即使降低機內壓力，也只能以0.75氣壓為限，換算成高度，則約為2,400m。這個與機內氣壓相對的高度，就稱為客艙高度，藉此與飛機的飛行高度做區別。

飛機的最高飛行高度，就是以客艙高度最大時，也就是2,400m時的壓差來決定的。例如，波音B747的最大壓差約為6.1公噸/m²，為了維持座艙壓力高度能保持在2,400m以下，則該飛機的最大飛行高度應為13,750m（45,100英呎）。

▶ 飛機的膨脹力

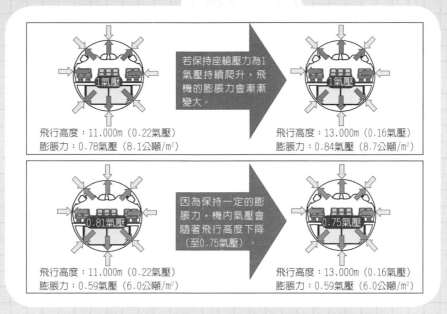

若保持座艙壓力為1氣壓持續爬升，飛機的膨脹力會漸漸變大。

飛行高度：11,000m（0.22氣壓）
膨脹力：0.78氣壓（8.1公噸/m²）

飛行高度：13,000m（0.16氣壓）
膨脹力：0.84氣壓（8.7公噸/m²）

因為保持一定的膨脹力，機內氣壓會隨著飛行高度下降（至0.75氣壓）。

飛行高度：11,000m（0.22氣壓）
膨脹力：0.59氣壓（6.0公噸/m²）

飛行高度：13,000m（0.16氣壓）
膨脹力：0.59氣壓（6.0公噸/m²）

▶ 座艙壓力高度與飛行高度

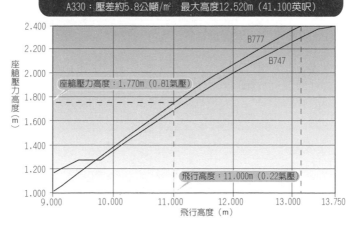

當座艙壓力高度為最大2,400m時的壓差及其最高飛行高度
A380：壓差約6.0公噸/m²　最大高度13,100m（43,000英呎）
B747：壓差約6.1公噸/m²　最大高度13,750m（45,100英呎）
B777：壓差約6.0公噸/m²　最大高度13,130m（43,100英呎）
A330：壓差約5.8公噸/m²　最大高度12,520m（41,100英呎）

座艙壓力高度：1,770m（0.81氣壓）

飛行高度：11,000m（0.22氣壓）

可以飛得多快？
不能超過最大運用界限速度

飛機空速表最重要的功能，就是讓飛行員了解空氣與力的關係。若空氣給予的受力過小，無法獲得足以支撐飛機重量的升力，而造成飛機失速。這個最小速度與飛行高度無關，要是一個定值。相反的，當空氣帶來的受力過大，可能會導致飛機破損的危險。這個最大速度也與飛行高度無關，為一定值。而飛機的空速計正是不論高度如何，都能夠立刻顯示最小及最大值的儀表，對於飛行員而言，是非常便利的速度表。

受到飛機本身強度所限制的最大速度，稱為最大運用界限速度，以V_{MO}表示。而為了讓最大運用界限速度能夠一目瞭然，在設計飛機時，都花了一些巧思。例如Classic Jumbo機的速度表，就特地以如同理髮院門口的燈筒花樣的指針指向最大運用界限速度，以增加辨識度。

除此之外，也不得不考慮飛行速度與因素之間的關係。飛機為了獲得升力，在機翼上方流動的空氣速度會大於飛行速度，因此即使飛行速度未超過音速，機翼上方的空氣速度都可能會超過音速。當這種情況發生時，會產生衝擊波，空氣會從機翼上方剝離，而這個剝離的力道會傷害機體，產生巨大的機體抖動（Buffet）現象，更糟的情況，可能會造成衝擊波失速（Shock Stall）。飛機必須在可能造成不安定操縱的馬赫數以下飛行，這個最大運用界限馬赫數以M_{MO}表示。

▶ 最大運用界限速度

V_{MO}：受飛機本身強度所限制的空速。
M_{MO}：受飛機操縱性所限制的馬赫數。

	V_{MO}（節）	M_{MO}（馬赫數）
A380	340	0.89
B747	365	0.892
A330	330	0.86
B777	330	0.87

V_{MO}、M_{MO}：
最大運用界限速度
通稱Barber Pole

B747-200的速度表

V_{MO}、M_{MO}：最大運用界限速度

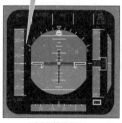

A330的PFD

如果速度超過最大運用界限速度，駕駛艙的揚聲器會大聲發出「喀、喀、喀」的聲音。

駕駛艙揚聲器

▶ 若超過最大運用界限馬赫數

若超過最大運用界限馬赫數
當飛行的馬赫數超過M_{MO}，通過機翼上方的空氣速度將超過1.0馬赫而造成衝擊波。衝擊波會使機翼上方的空氣「剝離」並破壞飛機，飛機整體會產生非常大的抖動（Buffet），更嚴重的話，會使飛機陷入衝擊波失速的危險。

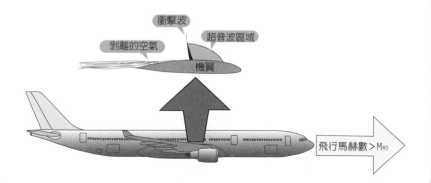

衝擊波
剝離的空氣
超音波區域
機翼
飛行馬赫數＞M_{MO}

5-12 不可思議的馬赫世界
相同的馬赫數，卻是不同的速度？

　　能夠清楚呈現飛行速度與衝擊波之間關係的儀表，就非馬赫表莫屬了。馬赫表所顯示的馬赫數，是飛行速度與音速的比例；假設馬赫數為0.83，即表示速度為音速的83％；若馬赫數為1.0，則速度為音速的100％，也就相當於音速。音速有與溫度成正比的特性，溫度愈高，音速就愈快；反之則愈小。如此說來，常常覺得夏天比冬天更容易覺得工地噪音的吵雜，也許就是因為聲音在夏天氣溫更高的環境下傳播速度較快的緣故吧。

　　音速既然會隨著溫度改變，當然也就會因為飛機飛行的高度不同而產生變化。例如，高度12,000m的溫度為零下56.5℃，此時的音速為時速1,062km；高度10,000m時，溫度為零下50℃，音速為每小時1,078km；高度降到9,000m，氣溫升到零下43.5℃，音速則變為每小時1,094km。空中巴士A330的最大運用界限馬赫數Mmo為0.86，將音速的86％換算為時速，會得到如次頁下圖所示，依飛行高度而異的時速。但是飛行員不可能一一記住在11,000m的時速是913km，10,000m是927km等這些速度，而會以馬赫數表示，不論飛行高度多高，只要速度超過0.86馬赫，就有發生衝擊波的危險。

　　為了確認在目前的飛行高度下，通過機翼的氣流速度是否會超過音速而造成衝擊波，清楚知道目前高度的馬赫數就變得非常重要。因此，PFD（Primary Flight Display）上的馬赫表一達高速就會顯示警示。

▶ 馬赫表

馬赫表並不像空速計一樣，屬於連續顯示的速度表，而是以電子式的方式顯示。
因為當飛機飛行速度低時，並沒有顯示馬赫數的必要，因此，大多數的馬赫表，都會在某
個馬赫數值以上才會開始顯示。

B747-200的速度表

持續顯示

A330的PFD（Primary Flight Display）

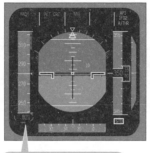

超過0.5馬赫開始顯示

B777的PFD（Primary Flight Display）

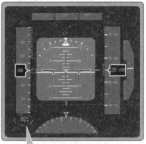

低速時顯示地速，高速
時顯示馬赫數

▶ 什麼是馬赫數？

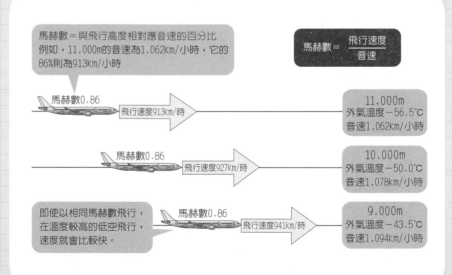

馬赫數＝與飛行高度相對應音速的百分比
例如，11,000m的音速為1,062km/小時，它的
86%則為913km/小時

$$馬赫數 = \frac{飛行速度}{音速}$$

馬赫數0.86　飛行速度913km/時

11,000m
外氣溫度－56.5℃
音速1,062km/小時

馬赫數0.86　飛行速度927km/時

10,000m
外氣溫度－50.0℃
音速1,078km/小時

即使以相同馬赫數飛行，
在溫度較高的低空飛行，
速度就會比較快。

馬赫數0.86　飛行速度941km/時

9,000m
外氣溫度－43.5℃
音速1,094km/小時

5-13 爲什麼旅客機會搖晃？
原因有很多

　　原本平順的飛航，突然聽到「咚」一聲，繫上安全帶的警示燈亮起。遇到這種狀況時，立刻回到座位上絕對是明智之舉。

　　飛行員對於飛航過程中的搖晃非常敏感。別說是出發前的簡報了，即使只是在走廊擦身而過的短暫時間，飛行員都會互相詢問航線狀況，交換飛行路線上的搖晃情形；飛行時，也會利用無線通訊，向空中交通管制或其他飛機確認搖晃發生的位置、高度、即強度（輕微、中等、嚴重）等第一手情報。

　　造成飛機搖晃的原因有很多，其中最具代表性的，首先就是用肉眼就能看到的積亂雲。遠看時非常美麗、壯觀，但絕不會有飛行員想要接近，在夜晚無法確認其大小的狀況下，也會利用氣象雷達系統盡可能的閃避。不要說身陷積亂雲中，即使只在積亂雲周圍，都有可能產生巨大的搖晃，甚至受雷擊或冰刨撞擊，造成機體的重大損害。

　　另外有簡稱爲CAT的晴空亂流（Clear Air Turbulence），明明是萬里無雲的晴天卻仍使飛機莫名搖晃；因爲風向及風速瞬間改變而造成的風剪（Wind shear）；還有因地形而造成的搖晃。地形所造成的搖晃中，最具代表性的，就是山岳波。例如，晴朗的冬日，在富士山周邊，就很容易發生因爲山岳坡造成飛機劇烈搖晃的狀況，這個影響會一直延伸到房總半島一帶，甚至使要進入羽田機場降落的飛機在搖晃中著陸。

▶ 飛機搖晃的程度

搖晃的種類	加速度值	狀態
Light Turbulence（輕微搖晃）	0.5G	須小心步行
Moderate Turbulence（中度搖晃）	0.5～1.0G	步行困難
Severe Turbulence（嚴重搖晃）	1.0G以上	無法步行

▶ 飛機搖晃的原因

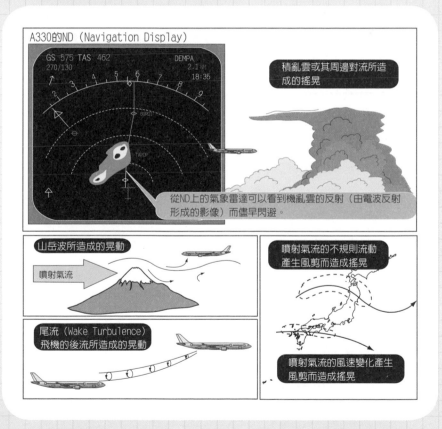

A330的ND（Navigation Display）

GS 575 TAS 462
270/130
DEMPA
2.1 NM
18:35

積亂雲或其周邊對流所造成的搖晃

從ND上的氣象雷達可以看到機亂雲的反射（由電波反射形成的影像）而儘早閃避。

山岳波所造成的晃動

噴射氣流

尾流（Wake Turbulence）飛機的後流所造成的晃動

噴射氣流的不規則流動產生風剪而造成搖晃

噴射氣流的風速變化產生風剪而造成搖晃

　　汽車以一定的速度前進時，我們並不會有特別的感覺，一旦踩下油門則會有瞬間身體貼向椅背的感覺；相反的，踩下刹車減速時，身體又會向前傾。明明沒有任何人推擠，卻感受到的這股力道，就是慣性。

　　飛機也一樣，在加速和減速時，都會產生慣性的力量。力是質量與加速度的乘積，從力的大小，就可以計算出加速度。知道加速度，就可以從 (速度) = (加速度) × (時間) 的公式算出速度；再由 (距離) = (速度) × (時間) 的公式計算出距離。

　　然而，當飛機變化姿態時，很容易被誤認為正在加速度，因此，不論飛機姿態如何改變，都必須要保持加速表的水平。有了加速度，可以換算出速度和距離，最後，只要確認飛行的方向，就可以計算目前的位置了。

　　接下來，就輪到陀螺儀登場了。利用陀螺儀的軸心永遠都會指向宇宙中某一點的特性，不僅可以知道機首的方位，還能維持加速度表的水平。因此，只要能確認自己最初的位置，就能夠推測移動的方向及距離。如此，利用慣性的特質，加上陀螺儀及加速度的組合，來推測位置及方位的裝置，就稱為慣性導航裝置。

▶ **慣性導航**

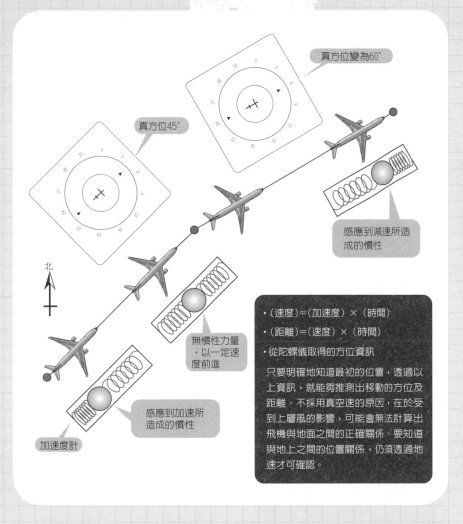

真方位變為60°

真方位45°

感應到減速所造成的慣性

北

無慣性力量，以一定速度前進

感應到加速所造成的慣性

加速度計

- （速度）＝（加速度）×（時間）
- （距離）＝（速度）×（時間）
- 從陀螺儀取得的方位資訊

只要明確地知道最初的位置，透過以上資訊，就能夠推測出移動的方位及距離。不採用真空速的原因，在於受到上層風的影響，可能會無法計算出飛機與地面之間的正確關係。要知道與地上之間的位置關係，仍須透過地速才可確認。

駕駛艙裡聽到的聲音

在駕駛艙，會聽到許多裝置的動作聲、飛機的風切聲、引擎聲等許多聲音的混合。

尚未啓動電源的早班飛機裡，完全安靜無聲，什麼都聽不到；當電池的電源開啓，也只聽得到電池作動的微小聲音；一直到主電源啓動，才會開始聽到許多裝置的動作音，也才確定飛機正式從睡夢中醒來了。

飛機在空氣中高速飛行時會產生的風切音，會隨著飛行速度愈快，聲音愈大；反之，當飛行速度減慢，聲音也會變小。活躍於1970年代的波音B727，因爲其引擎設置於飛機的最後端，因此駕駛艙裡所聽到的引擎聲音就小多了。但是，以「快速的噴射旅客機」爲賣點的飛機，假設位於7,500的高空，其巡航速度的設定約爲970km/小時，想當然爾風切聲響更大，在駕駛艙裡勢必得用較大的聲音才有辦法對話。而現在的飛機，其巡航速度多設定在800km/小時左右，不論是哪種飛機，風切聲音就都不會太大了。

在駕駛艙中最不想聽到的聲音，因該就屬對流旺盛的雲層中，雨滴與飛機碰撞的聲音了。若是遇到其中混雜著冰雹的激烈碰撞音，就會使駕駛艙裡更加充斥著緊張的氣氛。不過，當突破雲雨，眼前呈現一片一望無際的藍天，那種痛快感想必也是無法比擬。

第6章

下降並準備進場～
Decent & Approach

飛機可不是靠減少升力來達到下降的目的。

那到底是如何下降的呢？

隨著飛機開始下降，耳朵傳來的不適感，又是為什麼呢？

讓我們尋找問題的答案吧！

6-01 開始下降
TOD和BOD是什麼？

　　漫長的巡航終於漸漸進入尾聲。開始下降高度前的10分鐘，擔任飛機操縱的飛行員PF會進行降落簡報（Landing Briefing），這就和起飛前的簡報（Take-off Briefing）一樣，最主要的目的，就是PF表達其對於降落的想法（Intention）及方針（Policy），並明確指示PNF所需負責的項目及任務。

　　下降高度理所當然是為了能夠降落於目的地的機場，而飛行員應該依照什麼基準開始下降呢？下降開始的時間點是何時呢？當飛機結束巡航，開始離開巡航的航線，往目的地機場降落時的進場，必須以特定的高度通過一個特定的地點。例如，從福岡機場往羽田機場進場時，得於10,000英呎（約3,000m）高的高度，通過房總半島南端，稱為「ADDUM」的地點。

　　應通過的地點稱為BOD（Bottom of Decent），只要確定BOD及其高度，再從現在的位置及巡航高度反推，就可以決定應開始下降的地點。開始下降的地點稱為TOD（Top of Decent），以次頁下方的圖為例，其TOD應於新島（NIIJIMA）西南約100km前，約在靜岡縣御前崎的南方。

　　TOD會受巡航高度、飛機重量、速度、上層風的狀態等因素影響；此外，每個降落機場所要求的BOD高度也有所不同，因此在開始下降高度前，必須逐一確認高度處理的操作順序。

▶ 開始下降前

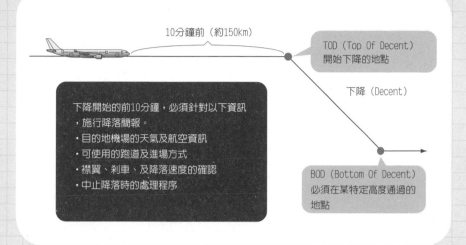

10分鐘前（約150km）

TOD（Top Of Decent）
開始下降的地點

下降（Decent）

下降開始的前10分鐘，必須針對以下資訊
，施行降落簡報。
· 目的地機場的天氣及航空資訊
· 可使用的跑道及進場方式
· 襟翼、剎車、及降落速度的確認
· 中止降落時的處理程序

BOD（Bottom Of Decent）
必須在某特定高度通過的
地點

▶ 以降落羽田機場為例

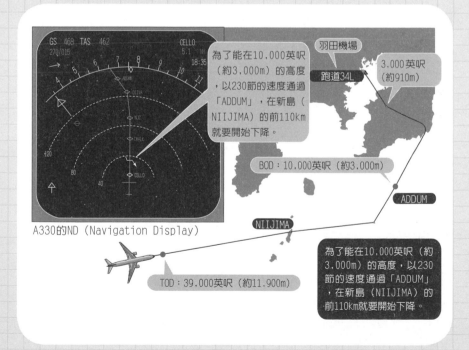

為了能在10,000英呎
（約3,000m）的高度
，以230節的速度通過
「ADDUM」，在新島（
NIIJIMA）的前110km
就要開始下降。

羽田機場

3,000英呎
（約910m）

跑道34L

BOD：10,000英呎（約3,000m）

ADDUM

A330的ND（Navigation Display）

NIIJIMA

為了能在10,000英呎（約
3,000m）的高度，以230
節的速度通過「ADDUM」
，在新島（NIIJIMA）的
前110km就要開始下降。

TOD：39,000英呎（約11,900m）

6-02 如何下降？
不是減少升力！

　　飛機絕對不是靠減少升力的方式來達到下降高度的目的。汽車是透過接觸地面做為支撐；而飛機卻是靠升力才得以在空中飛翔。升力小於飛機重量所造成的下降，不能稱作下降，而是飛行員聞之色變的失速。到底什麼是正常的下降呢？

　　飛機巡航時，是靠引擎推力大於空氣阻力，才能以一定的速度飛行。汽車也是如此，持續的踩著動力踏板，汽車動力就能超越輪胎與地面的摩擦力及空氣阻力，而以一定的速度前進；反之，當放開動力踏板，原本的平衡會遭到破壞，摩擦力與空氣阻力會造成汽車開始減速，最後完全停止。而如果是下坡路段，則不需要引擎動力也能夠動。這是因為汽車光是在坡道的上方，就已經具備滑行的動力（位能），當然，愈陡的坡道速度會愈快，較緩和的坡道速度就較慢。

　　飛機也一樣，下降其實就是從由空氣所構成的坡道下來的意思。當然，若要說差別的話，差異在於空氣的坡道斜度可以改變。而要滑下這一道空氣的坡，首先必須先將動力操縱桿切換至怠速（IDLE）的位置。在IDLE的狀態下，若仍要維持高度，速度就會相對的開始減慢（最後就會失速，造成非預期的「下降」）；此時，為了讓飛機選擇維持速度而非高度，機首開始下降，就能和汽車下坡一樣，從空氣構成的坡道向下滑行。當飛機速度愈快，則這個空氣坡道就會愈陡；反之，想讓坡道愈緩和，只要降低速度就可以了。

▶ 如何下降

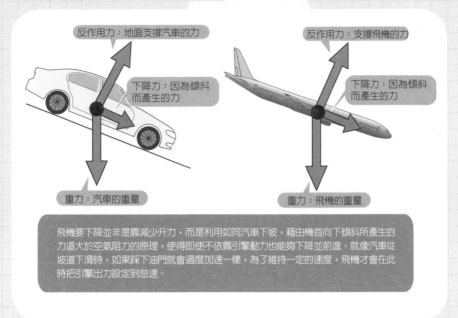

反作用力：地面支撐汽車的力

反作用力：支撐飛機的力

下降力：因為傾斜而產生的力

下降力：因為傾斜而產生的力

重力：汽車的重量

重力：飛機的重量

飛機要下降並非是靠減少升力，而是利用如同汽車下坡，藉由機首向下傾斜所產生的力道大於空氣阻力的原理，使得即使不依靠引擎動力也能夠下降並前進。就像汽車從坡道下滑時，如果踩下油門就會過度加速一樣，為了維持一定的速度，飛機才會在此時把引擎出力設定到怠速。

▶ 開始下降

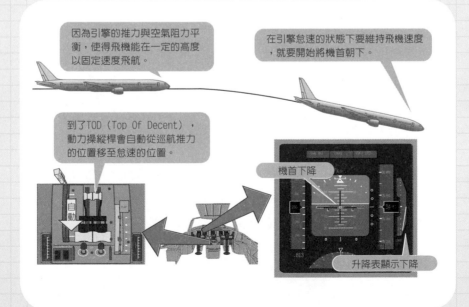

因為引擎的推力與空氣阻力平衡，使得飛機能在一定的高度以固定速度飛航。

在引擎怠速的狀態下要維持飛機速度，就要開始將機首朝下。

到了TOD（Top Of Decent），動力操縱桿會自動從巡航推力的位置移至怠速的位置。

自動

機首下降

-813

升降表顯示下降

一般而言，下降方式區分為兩大類，一種是保持一定速度的下降方式，另一種則是將開始下降地點與下降目標地點連成一線，並沿著這條直線飛行做為下降路徑（Path）的方式。「Path」，是道路的意思，航空界所說的Flight Path，指的則是飛機飛行的軌跡，或預定飛行的路線。

言歸正傳，以固定速度下降的方式又分為三種。第一種是高速下降，高速下降的降落時間較短，但開始下降的時間點卻較晚，使得多出來巡航所需的燃料較多，以致整體燃油消耗不佳。另一種方式則是以慢速下降，因為很早就開始下降，因此燃油消耗的表現比高速下降要好，但相對的，航行時間就會較長。最後就是同時擷取以上兩種下降方式的優點而生的經濟下降方式。它以介於高速與低速之間的速度，同時滿足燃油消耗與時間上考量的最佳方式進行下降。

維持路徑的下降方式，則是以約3˚的斜角，順著連結TOD（開始下降點）與BOD（下降終止點）的路徑下降。沿著斜角3˚的空氣坡道自然下滑，飛行速度可依當時情況作調整。例如，當飛機因為風的影響，漸漸往原定路徑的上方偏離時，增加飛行速度，就可使飛機重新回到路徑中。

此外，在FMS（飛行管理系統）開發完成前，飛行員得在航程中簡易的算出TOD，這個計算方式稱為「3倍法則」，可依次頁圖表中計算，而計算出來的數值，竟是出乎意料的準確呢！

▶維持速度的同時進行下降的三種方式

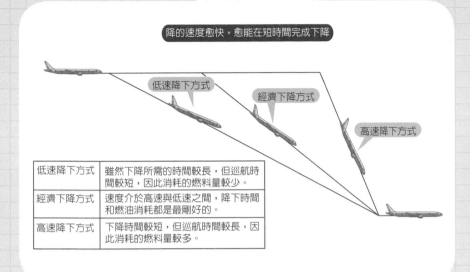

降的速度愈快，愈能在短時間完成下降

低速降下方式

經濟下降方式

高速降下方式

低速降下方式	雖然下降所需的時間較長，但巡航時間較短，因此消耗的燃料量較少。
經濟下降方式	速度介於高速與低速之間，降下時間和燃油消耗都是最剛好的。
高速降下方式	下降時間較短，但巡航時間較長，因此消耗的燃料量較多。

▶維持路徑的下降方式

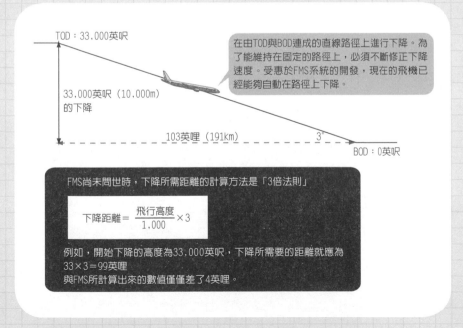

TOD：33,000英呎

在由TOD與BOD連成的直線路徑上進行下降。為了能維持在固定的路徑上，必須不斷修正下降速度。受惠於FMS系統的開發，現在的飛機已經能夠自動在路徑上下降。

33,000英呎（10,000m）的下降

103英哩（191km）　3°

BOD：0英呎

FMS尚未問世時，下降所需距離的計算方法是「3倍法則」

$$下降距離 = \frac{飛行高度}{1,000} \times 3$$

例如，開始下降的高度為33,000英呎，下降所需要的距離就應為
33×3＝99英哩
與FMS所計算出來的數值僅僅差了4英哩。

6-04 怠速會造成阻力
飛機也有引擎煞車？

　　標準的下降操作，是讓引擎呈現怠速狀態。汽車的怠速，簡單來說，就是放掉動力踏板的狀態，重量較輕的飛機，以此怠速狀態就可在滑行道上滑行。飛機在怠速狀態下於滑行道上以時速20km左右的速度滑行，因為空氣仍會加速往後方噴出，因此雖然很小，但仍會產生推力。

　　然而，從高空下降的怠速推力，不僅僅是小，反而是一種負的推力，也就是阻力。飛機在高速的狀態下開始下降，其飛行速度大於引擎的噴射速度，結果導致引擎無法將空氣往後方加速噴出，反而無法產生正推力，而形成負推力，也就是阻力。而這也使得怠速下降能擁有與汽車下坡時所使用的引擎煞車同樣的效果。

　　如果還要再繼續增加阻力，就得使用減速煞車。機翼上好幾片擾流板同時立起來，就是增加空氣阻力的裝置。但是，這個減速裝置對於飛行員而言，與其用在減速，更傾向於用在提高下降率。例如，為了避開前方雷雨區而來不及在原本預定下降地點處開始下降，這時，就會利用減速煞車提高下降率，一口氣把之前延遲下降的應下降高度追回來。不過，在實際操作時，減速煞車容易造成飛機震動而影響到舒適性，通常訂定下降計畫時都不會採取此種方式。

▶引擎剎車

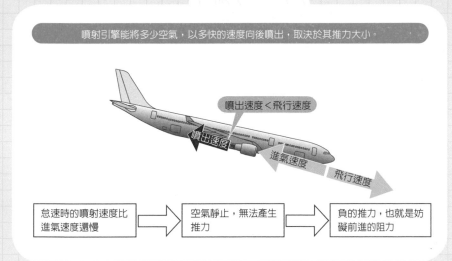

噴射引擎能將多少空氣，以多快的速度向後噴出，取決於其推力大小。

噴出速度＜飛行速度

噴出速度

進氣速度

飛行速度

| 怠速時的噴射速度比進氣速度還慢 | ⇒ | 空氣靜止，無法產生推力 | ⇒ | 負的推力，也就是妨礙前進的阻力 |

▶減速剎車

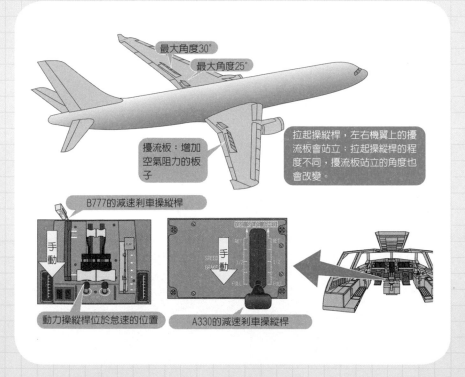

最大角度30°

最大角度25°

擾流板：增加空氣阻力的板子

拉起操縱桿，左右機翼上的擾流板會站立；拉起操縱桿的程度不同，擾流板站立的角度也會改變。

B777的減速剎車操縱桿

手動

SPEED BRAKE

手動

動力操縱桿位於怠速的位置

A330的減速剎車操縱桿

座艙壓力高度也會下降
讓乘客耳朵不會感到不適

　　波音B777的加壓系統，在10,000m的飛行高度中，可維持1,400m的座艙壓力高度。座艙高度的原文為Cabin Altitude，與飛機的飛行高度有所區別。能維持客艙壓力高度為1,400m的祕訣，在於設置於機身前後各一的排氣調節瓣（Out-flow valve）。密閉的機艙中，因為空調開啟而注入大量的空氣，這使得飛機會像吹氣球般膨脹，因此，飛機藉由調節這二個空氣孔的閥門開關，達到控制機內氣壓的目的。不要小看這二個小小的氣孔，機內氣壓與外部氣壓相差了6.0公噸/m²以上，即使只有一個小孔，其開關之間，也能造成機內氣壓大幅改變；關閉閥口，機內氣壓就會升高，打開閥口，機內氣壓則會變低。

　　當飛機開始下降，隨著飛行高度愈低，藉由排氣調節瓣調整流出空氣量，以提高機內氣壓，也就是藉此降低座艙壓力高度。客艙壓力高度的下降速度，與日本最快的電梯750m/分鐘速度相比，慢了4倍，約為100m/分到150m/分之間，仔細控制著儘量不讓乘客耳朵感到不適，此外，飛機對於膨脹力有6.0公噸/m²以上的承受力，對收縮力的強度，卻不到膨脹力的10%。因此，當機內壓力大於外氣壓力時，為了避免產生收縮力，飛機設計了安全閥的構造，將之開啟，使機內壓力與外氣壓力達到平衡。

▶ 座艙壓力高度的控制（B777）

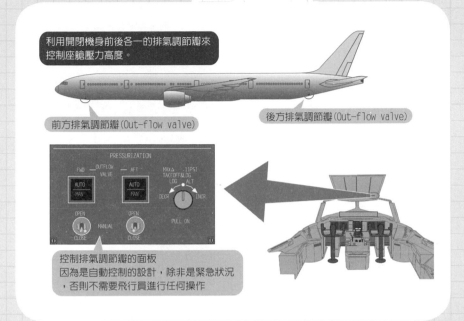

利用開閉機身前後各一的排氣調節瓣來控制座艙壓力高度。

前方排氣調節瓣(Out-flow valve)

後方排氣調節瓣(Out-flow valve)

PRESSURIZATION

控制排氣調節瓣的面板
因為是自動控制的設計，除非是緊急狀況，否則不需要飛行員進行任何操作

▶ 下降的程度？

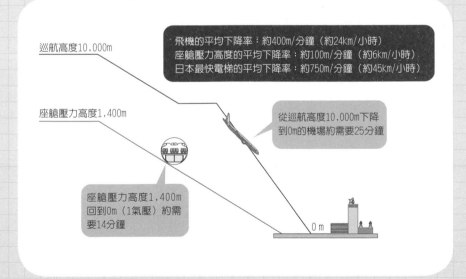

巡航高度10,000m

座艙壓力高度1,400m

飛機的平均下降率：約400m/分鐘（約24km/小時）
座艙壓力高度的平均下降率：約100m/分鐘（約6km/小時）
日本最快電梯的平均下降率：約750m/分鐘（約45km/小時）

從巡航高度10,000m下降到0m的機場約需要25分鐘

座艙壓力高度1,400m
回到0m（1氣壓）約需要14分鐘

0 m

飛機巡航稱為On Top（航空術語，「雲層上方」的意思），但下降高度時，就免不了在雲中飛行。而低溫狀態下在雲中飛行可能會使飛機結冰，因此一定要有預防結冰的對策。讓我們一起看看防冰裝置的構造吧。

如果皮托管或靜壓孔結冰，會造成速度表、高度表、升降表等儀表顯示錯誤數值，由於FMS（飛行管理系統）等許多裝置的資訊都來自皮托管，可想而知皮托管對於飛機整體的影響有多大了。因此，不只是在雲中飛行，正常飛行時也都會將電熱按鍵開啟。同樣重要的駕駛艙風擋，為了能夠除霧及維持遭遇鳥類撞擊時的強度，也會固定將電熱裝置開啟。

機翼若發生結冰會使阻力增強，而使飛機無法以預定的速度或高度飛行；而如果是引擎的進氣口結冰，則可能使冰塊捲入引擎內部，造成引擎的重大損害。針對這種可能的危險，飛機能夠抽出引擎內部的高溫空氣，供應給機翼前緣及引擎進氣孔，讓這些部位從內部保持溫暖，以避免結冰。

此外，飛行員最擔心的雷雨區，就不僅僅得擔心結冰問題，強烈的搖晃、帶電、雷擊、冰雹等，都存在著隱藏的危險。當飛機遭受雷擊時，不但聲音相當巨大，其閃光也會讓飛行員在夜間睜不開眼睛，如果只是受雷擊的部位留下凹痕還不會有什麼問題，若從放電裝置以外的部位放電，則可能會造成翼尖等機體末稍部位的受損。

▶針對哪些部位防冰？

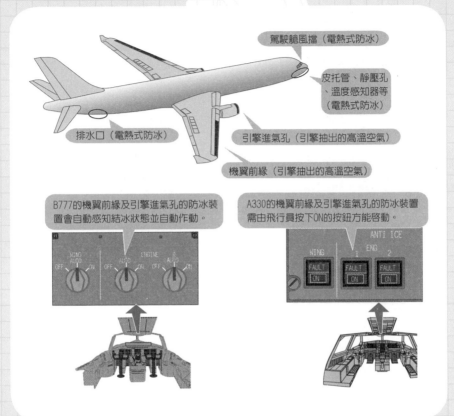

駕駛艙風擋（電熱式防冰）

皮托管、靜壓孔、溫度感知器等（電熱式防冰）

排水口（電熱式防冰）

引擎進氣孔（引擎抽出的高溫空氣）

機翼前緣（引擎抽出的高溫空氣）

B777的機翼前緣及引擎進氣孔的防冰裝置會自動感知結冰狀態並自動作動。

A330的機翼前緣及引擎進氣孔的防冰裝置需由飛行員按下ON的按鈕方能啟動。

▶在雷雨區內

飛機設有放電裝置以預防帶電。當放電不完全時，無線對講機會出現雜訊，而嚴重影響到通信狀態。

若帶電嚴重，駕駛艙的前方玻璃會出現稱為聖艾爾摩之火（St. Elmo's Fire）的藍白色閃光。

空中待機？
千萬不能停下來等

當機場因為狂風暴雨使飛機無法起降時，準備出發的班機只要停在閘門或滑行道上等待即可，將要抵達的班機卻無法停在空中等待。飛機前進不僅單純為了抵達目的地，為了能夠獲得足以支撐飛機的升力，更必須不停的前行，因此，飛機得利用持續飛行的方式在空中待機，等待機場重新開放。

每個機場都有規劃空中待機用的場所（空域），這個場所，又分為為了降落準備進場的待機場所，及暫時放棄降落而重新爬升的待機場所。即使是位置相同，卻可利用高度差，同時讓許多飛機待機。以次圖為例，擁有4條跑道的羽田機場，其規劃的空中待機場所就有好幾個。

除了等待天候好轉需要在空中待機，還有例如發生飛機在滑行道上受到鳥擊，為了重新檢查滑行道而暫時封閉的狀況；或是有飛機必須優先緊急降落等狀況時，都會需要空中待機。

空中待機最重要的，就是得盡可能的減少待機期間需消耗的燃料。此時，續航力所追求的飛行距離（續航距離）不再重要，能夠持續飛多久，才是關切的重點。因此，在這種情況下，飛行員會將速度設定在燃料消耗最少的數值。

▶空中待機的位置

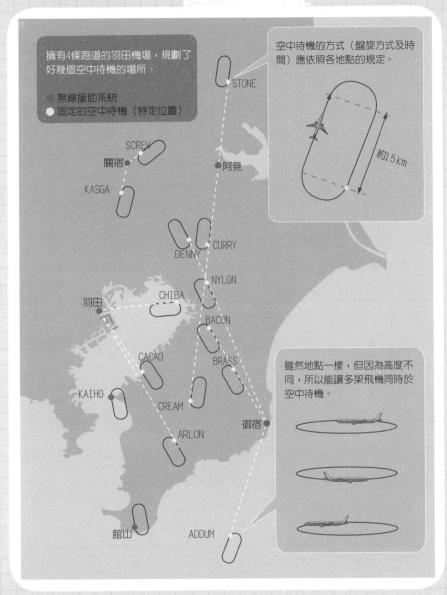

擁有4條跑道的羽田機場，規劃了好幾個空中待機的場所。

● 無線援助系統
● 固定的空中待機（特定位置）

空中待機的方式（盤旋方式及時間）應依照各地點的規定。

約15km

雖然地點一樣，但因為高度不同，所以能讓多架飛機同時於空中待機。

STONE
SCREW
關宿 ●阿見
KASGA
DENNY CURRY
NYLON
羽田 CHIBA
BACON
CACAO
BRASS
KAIHO
CREAM
御宿
ARLON
館山 ADDUM

※白色的虛線為地面無線設備的電波

6-08 將高度表設定爲QNH
顯示標高

當飛機準備降落而開始進場時，航管人員一定會通報QNH，在日本，當飛行高度不滿14,000英呎（約4,300m）時，就必須把高度表設定爲QNH。假設當時的QNH爲1008hPa，飛行員就會讀出「1008或2977（水銀柱英吋）」，以確認左右高度表的撥定值已經正確設定。當完成設定正確的QNH，高度表就會顯示實際飛行高度（從海平面算起的高度，標高）。

不論飛機正在上升或下降，在日本，只要飛行高度超過14,000英呎，會將高度設定爲QNE，低於14,000英呎則將高度設爲QNH；但有些國家，會將高度設定爲一個範圍。譬如新加坡，當飛機在爬升的狀態下超過11,000英呎，設爲QNE，下降時若低於13,000英呎，則設爲QNH。

將高度設爲QNH的狀態下，當飛機成功降落，降落後所顯示的高度表應與機場標高一樣；但還有另一種設定方式稱爲QFE，當飛機著陸後，高度表所顯示的數值爲零。日本的設定是依據機場的氣壓，而非接近機場的海面氣壓，因此並不採用QFE的設定方式。將高度表設定爲QFE，其顯示的高度是從機場開始起算，因此飛機降落後高度表才會顯示零。

如同以上的介紹，氣壓高度表的補正方式（撥定）會因國家或各機場規定不同，而有很大的差異，因此，在簡報時務必再三確認高度表的設定方式。

▶ QNH顯示機場標高

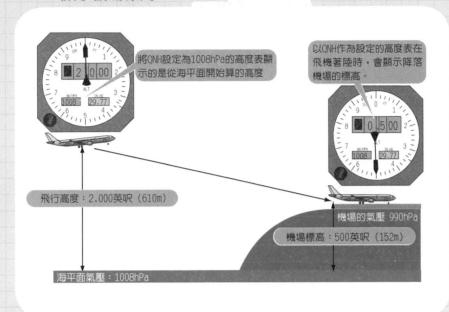

將QNH設定為1008hPa的高度表顯示的是從海平面開始算的高度

以QNH作為設定的高度表在飛機著陸時,會顯示降落機場的標高。

飛行高度:2,000英呎(610m)

機場的氣壓 990hPa

機場標高:500英呎(152m)

海平面氣壓:1008hPa

▶ QFE在到達機場時會顯示0

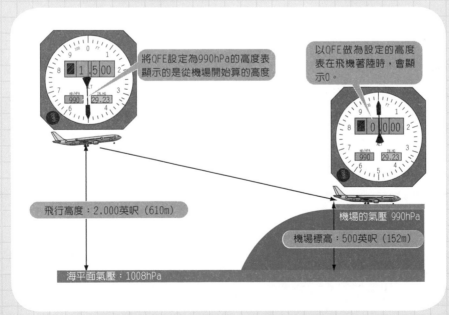

將QFE設定為990hPa的高度表顯示的是從機場開始算的高度

以QFE做為設定的高度表在飛機著陸時,會顯示0。

飛行高度:2,000英呎(610m)

機場的氣壓 990hPa

機場標高:500英呎(152m)

海平面氣壓:1008hPa

「三倍法則」

　　FMS（飛行管理系統）能夠利用電腦縝密地計算協助飛機流暢的飛航，然而，對飛行員而言，懂得概算也是很重要的。例如，像是「每下降1,000約需要3英哩的距離」這種規則。而這個規則是根據以下算是而來的。

　　為了不過度依賴FMS所提供的數值，飛行員應透過本身的概算，去比對FMS的計算結果是否有太大的差異。

由以下算式可知每下降1,000約需要3英哩的距離。因此，要從33,000英呎的高空降落，就能概算出應需要33×3＝99英哩的距離方能安全降落。

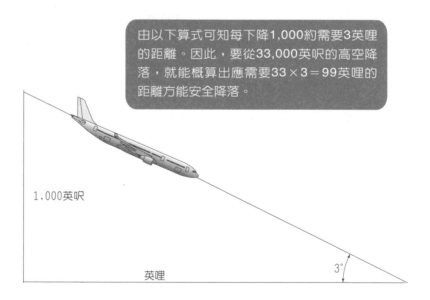

1,000英呎

英哩

3°

$$x = \frac{1,000}{\tan 3°}$$

= 19,081 英呎

= 19,081/6,076　　（1英哩=6,07 6英呎）

≒ 3 英哩

第7章

降落～Landing

終於要準備著陸了。

從座位下方聽到間斷的機械音是什麼聲音？

明明是降落，為什麼引擎聲音變大，又開始爬升了呢？

讓我們透過飛行員的操作一起找尋原因吧！

7-01 開始進場！
減速也需要力量

　　將動力操縱桿調整到怠速，從巡航高度開始下降，但隨著愈來愈接近機場，引擎必須再次提高推力。為什麼下降也需要推力呢？

　　降落前，進入機場這個程序，稱為進場（Approach），為了能夠安全且有秩序的進場，機場設有標準的進場路線，並必須限制飛機的高度及速度。例如，當高度低於10,000英呎（約3,000m），速度即不應超過250節（時速約469km）；不僅如此，空中交通管制也會針對高度及速度做出指示。有時候，即使原本希望能儘快下降，但受制於進場路線則必須再水平飛行一段時間，最後可能也會改為緩緩下降。

　　汽車在沒什麼角度的緩坡行走時，如果沒有踩動力踏板，汽車的速度也可能會漸漸減慢；飛機也一樣，緩緩下降時，若引擎沒有適時提高推力，在過度減速的狀況下，反而有可能造成失速。此外，當飛機必須暫時保持某個高度時，位置動能無法轉換為速度動能，此時也必須得靠引擎的一臂之力，才得以維持一定的速度。

　　綜合以上所述，當飛機進場時，引擎不應停留在怠速的狀態，而應再次提高引擎推力，並調整速度及下降率，這些操作，正常來說，都會由自動推力控制裝置操控。不論引擎是否供應推力，空中巴士機的動力操縱桿都不會有任何動作，而波音機的動力操縱桿則會隨著引擎推力自動移動。

▶ 一邊下降高度一邊減速

為了要降落在羽田機場，飛機開始從巡航高度下降，一直到千葉線君津市附近的上空時，高度來到了910m，速度則需降到時速330公里左右。

羽田機場

910m

高度：3,000英呎（約910m）
速度：180節（330km/小時）

4,300m

高度：14,000英呎（約4,300m）
速度：280節（520km/小時）

▶ 控制速度

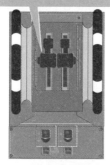

空中巴士機在自動駕駛時的動力操縱桿會停留在爬升推力的位置，不會自動移動

A330的動力操縱桿

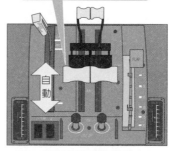

波音機的自動駕駛時的動力操縱桿會如同有隱形人在操作般自動移動

自
動

FLAP

B777的動力操縱桿

確認可使用的跑道
迎風降落

當飛機從巡航高度開始下降以前，會先取得目的地機場天候狀況的資訊。不僅是只能勉強下降的壞天氣，即使是好天氣，也一定要確認風向及風速。收集這些資訊的最大目的，就在於確認降落用的跑道。

降落和起飛一樣，都必須保持在迎風的狀態，所使用的跑道當然也會因為風向不同而調整；而使用的跑道不同，其標準抵達路線也會有異，高度及速度的要求也會有所變化。因此，對於飛行員而言，事先知道將使用的跑道是非常重要的。

假設，目前羽田機場正吹南風，飛機就應該要朝向南方降落，使用的跑道就會是16、22、或23；假設現在是吹北風，則應朝北方降落，可使用的跑道就會變成34L或34R；而依據使用的跑道不同，如下圖，其進場路線也會有顯著的差異。

此外，必須迎風降落的理由，是為了能盡可能縮短降落所需的距離。例如，以時速300km的速度在迎風為25km（風速7m）的狀態降落，實際飛行時，就相當於以時速275km的速度降落，可以以較短的距離完成降落；而此時如果是順風的話，就變成以時速325km的速度降落，所需的降落距離當然就會變長了。因此，即使風速只有7～8m，如果是順風的話，還是會被禁止降落的。當然，發生這種狀況時，只要改變使用的跑道為迎風，就可以降落了。

▶ 使用跑道

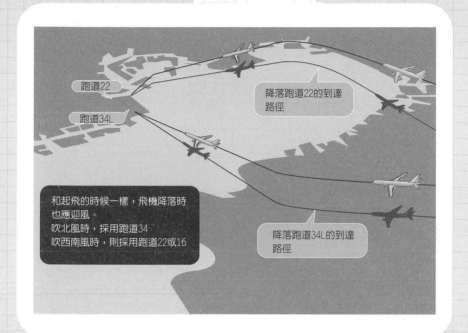

跑道22

跑道34L

降落跑道22的到達路徑

和起飛的時候一樣，飛機降落時也應迎風。
吹北風時，採用跑道34
吹西南風時，則採用跑道22或16

降落跑道34L的到達路徑

▶ 風向與滑行距離

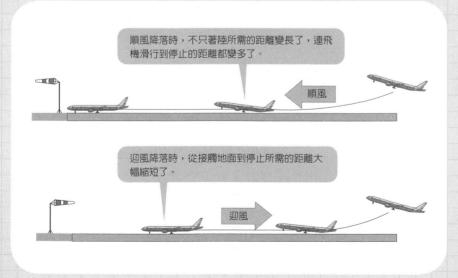

順風降落時，不只著陸所需的距離變長了，連飛機滑行到停止的距離都變多了。

順風

迎風降落時，從接觸地面到停止所需的距離大幅縮短了。

迎風

當飛機離跑道愈來愈近時，就一定得減慢速度了。雖然飛機不像鳥類可以在著地前一口氣將翅膀撐開，輕盈的落地，但仍必須盡可能的減速，以縮短降落所需的距離。

鳥類撐開翅膀的目的，不在於增加空氣阻力來減速，而是為了在落地前能夠維持足以支撐自身重量的升力。飛機也一樣，不論怎麼減速，還是得要有足夠的升力以支撐飛機重量，要達成這項任務，僅靠著追求速度的機翼是辦不到的，在這種情況下，真正能發揮作用的，是襟翼。然而襟翼又大又笨重，無法像鳥類般一口氣撐開，因此，和爬升時一樣，飛機降落時也得同時考量不損壞襟翼的最大速度，和不造成失速的最小速度，且襟翼會一點一點的慢慢張開。

綜合以上理由，飛行員會以「Check, Air speed, Flap one」的程序，一邊仔細確認空速表，一邊執行降下襟翼的操縱。執行此操作的確認基準就是空速表，操縱Classic Jumbo機飛行員會利用稱作「Bug」的小指針在空速表上手動調整做為提醒的記號；到了有配備FMS系統的飛機，空速表就有自動顯示的功能了。

襟翼操縱桿的設定值會依據機種不同而異。空中巴士機的襟翼操作無關角度，而是以0、1、2、3、FULL四種設定調整；波音基則是以「降下襟翼的角度」做為設定值。

▶ **Classic Jumbo的襟翼操作**

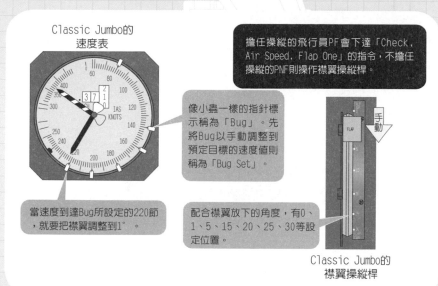

Classic Jumbo的
速度表

擔任操縱的飛行員PF會下達「Check，Air Speed，Flap One」的指令，不擔任操縱的PNF則操作襟翼操縱桿。

像小蟲一樣的指針標示稱為「Bug」。先將Bug以手動調整到預定目標的速度值則稱為「Bug Set」。

當速度到達Bug所設定的220節，就要把襟翼調整到1°。

配合襟翼放下的角度，有0、1、5、15、20、25、30等設定位置。

Classic Jumbo的
襟翼操縱桿

▶ **空中巴士A330的襟翼操作**

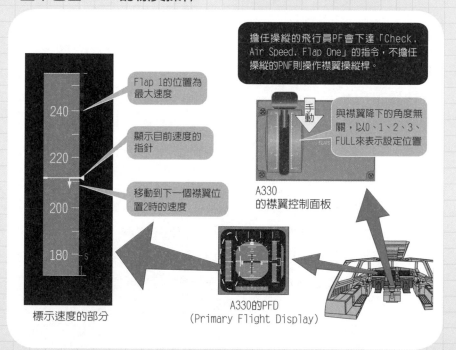

擔任操縱的飛行員PF會下達「Check，Air Speed，Flap One」的指令，不擔任操縱的PNF則操作襟翼操縱桿。

Flap 1的位置為最大速度

顯示目前速度的指針

移動到下一個襟翼位置2時的速度

與襟翼降下的角度無關，以0、1、2、3、FULL來表示設定位置

A330
的襟翼控制面板

A330的PFD
(Primary Flight Display)

標示速度的部分

「搭上ILS」？
順著電波「溜滑梯」滑下

很遺憾的，羽田機場的天氣狀況不佳。雲層很低使得視線變差，即使已經離跑道很近，卻仍在雲中飛行，坐在駕駛艙裡什麼都看不見。這時能夠協助飛行員安全降落的，就是ILS（Instrument Landing System：儀表著陸系統）。ILS是藉由電波提供3次元資訊，以協助飛機準確進入跑道並安全降落的系統。

空中巴士A380的機翼長度為79.8m，空中巴士A330為60.3m，波音B747為64.4m、波音B777-300ER則為64.8m；而跑道的寬度則約為45～60m，因此，飛機更是必須準確地降落。好在，ILS的精確度相當高，當飛機穿出雲層，視野瞬間遼闊時，跑道就會正確無誤的出現在眼前。

為了能夠正確的降落，飛機本身也必須要具備能夠處理ILS所提供3次元資訊並加以顯示的能力。這就需要能夠同時接收判斷是否偏離跑道中心線的左右定位台（Localizer）、及判斷是否偏離傾斜角3°這條下降路線的滑降台（Glide Slope）這兩種電波，且能顯示在PFD（Primary Flight Display）上的裝置。紅色的菱形標誌代表各電波的中心線，標誌偏向左邊代表飛機往跑道的右方偏移；若標誌偏向上方，則表示飛機往降落路徑的下方偏離。

除了天候較差的狀況以外，在許多其他場合，ILS仍是非常值得信賴的裝置。例如當飛航過程中發生故障，使得飛機必須返回原出發機場，或是必須緊急降落最近的機場，即使天候良好，透過ILS進場降落，能有效地為飛行員爭取到更多處理故障的時間。

▶ 搭上ILS

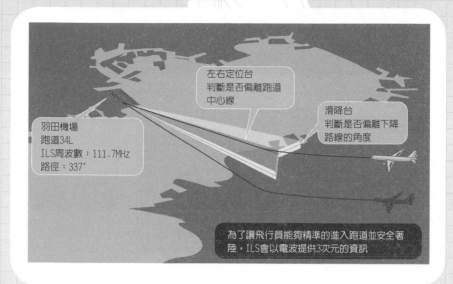

左右定位台
判斷是否偏離跑道
中心線

滑降台
判斷是否偏離下降
路線的角度

羽田機場
跑道34L
ILS周波數：111.7MHz
路徑：337°

為了讓飛行員能夠精準的進入跑道並安全著
陸，ILS會以電波提供3次元的資訊

▶ 路徑與儀表的關係

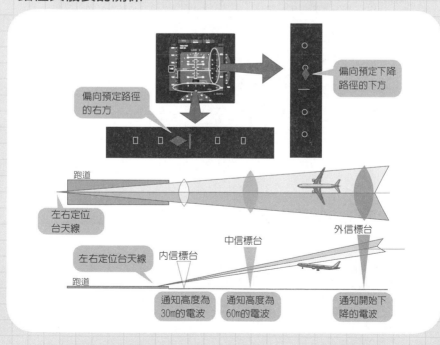

偏向預定下降
路徑的下方

偏向預定路徑
的右方

跑道

左右定位
台天線

中信標台

外信標台

左右定位台天線　內信標台

跑道

通知高度為
30m的電波

通知高度為
60m的電波

通知開始下
降的電波

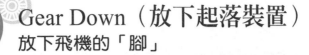

7-05 Gear Down（放下起落裝置）
放下飛機的「腳」

接收到ILS的電波訊號，朝向跑道，引導至最終路程的過程，稱爲「Capture」（捕捉）。例如，若捕捉到左右定位台，表示接收到跑道中心線傳來的電波，並確實地朝向既定路程；接著，若捕捉到滑降台，則表示接收到降落路徑的電波，可以開始降落了。

飛機的腳，稱爲起落裝置或Landing Gear，航空業界普遍簡稱爲Gear；降下起落裝置，則稱爲「Gear Down」。「Gear Down」的標準操作流程是在進入降落路徑前執行。先由負責操控飛機的PF唸出「Check, Air speed, Gear down」，擔任操縱飛機已外業務的飛行員PNF跟著覆誦一次「Gear down」，接著就開始操作起落架操縱桿。

當飛行員開始操作起落架，艙門首先會先開啓，起落架完全降下後，艙門關閉。這個過程和降下襟翼時一樣，有規定可進行此操作的最大速度。例如空中巴士A380或A330的最大速度爲250節（約時速460km），波音B747則是270節（約時速500km）。這也正是飛行員必須唸出「Check, Air speed, Gear down」的緣故了。

此外，空中巴士A330的起落架相關儀器都整合在同一個面板上；波音B777則依照位置不同各自配備。而預備用的刹車壓力表，則不論是空中巴士機或是波音機，從以前到現在都一樣，採用不需要在畫面上捲動頁面就能隨時確認的獨立儀表。

▶A330的起落裝置操作面板

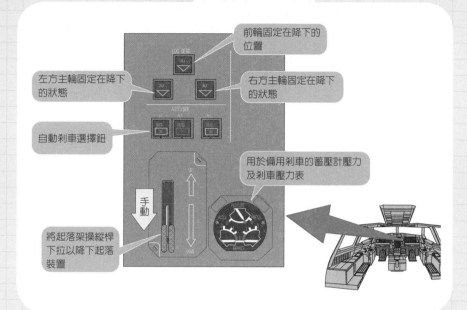

前輪固定在降下的位置

左方主輪固定在降下的狀態

右方主輪固定在降下的狀態

自動剎車選擇鈕

用於備用剎車的蓄壓計壓力及剎車壓力表

將起落架操縱桿下拉以降下起落裝置

手動

▶B777的降落裝置操作面板

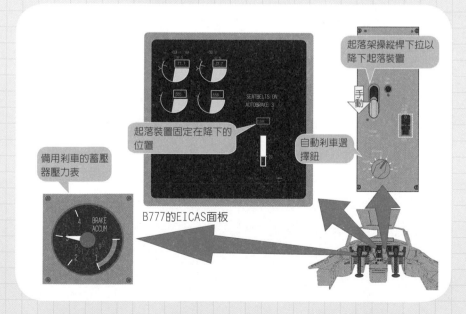

起落架操縱桿下拉以降下起落裝置

起落裝置固定在降下的位置

自動剎車選擇鈕

備用剎車的蓄壓器壓力表

B777的EICAS面板

手動

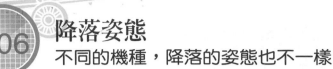

7-06 降落姿態
不同的機種，降落的姿態也不一樣

　　不論是哪種飛機，當透過ILS進行降落時，都是順著電波滑向跑道。然而，即使下滑的角度都是3°，降落時的飛機姿態卻各有不同。讓我們一起探討採取各種姿態的原因。

　　首先，就從2003年結束航運的超音速旅客機協和飛機開始。協和飛機的機翼是三角翼，因此沒有襟翼；而為了避免失速，在低速飛行時，飛機的攻角必須較大。因此，協和飛機的機首以上仰約11°的角度，滑下3°的下降路徑。這樣的飛機姿勢，會讓飛行員看不到前方，因此，當飛機調整為下降姿態時，機首會同時向下彎曲，以確保駕駛艙的視野。

　　接下來是螺旋槳飛機的姿態。因為善於低速飛行，因此襟翼較小，也不須設置前緣的襟翼，仍足以取得之稱飛機重量的升力，因此螺旋槳飛機下降時，能夠以機首朝下約1°的姿態降落，也因為如此，它的引擎推力不需很大就能完成降落。

　　最後，是本書的主角──噴射式旅客機。機翼斜向機身後方，是為了能夠在0.8馬赫的速度下，有效發揮本身功能的設計，也因此，並不擅長於低速飛行。所以，機翼前後都必須裝配大角度的襟翼，機翼的攻角也必須有一定的角度，過小的攻角無法提供低速飛行時足夠的升力。不論是空中巴士A330或是波音B777，都必須保持機首上仰3°左右的角度降落。但這也使得阻力變大，讓飛機必須以較大的推力（高達約起飛推力的60～70%）進行降落。

▶ 協和客機的姿態

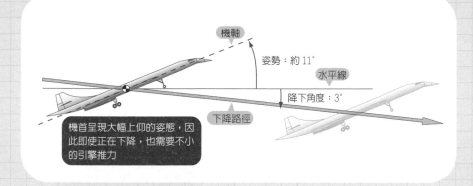

機軸

姿勢：約 11°

水平線

降下角度：3°

下降路徑

機首呈現大幅上仰的姿態，因此即使正在下降，也需要不小的引擎推力

▶ 螺旋槳飛機YS-11的姿態

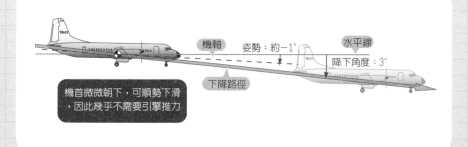

機軸

姿勢：約－1°

水平線

降下角度：3°

下降路徑

機首微微朝下，可順勢下滑，因此幾乎不需要引擎推力

▶ 空中巴士A330的姿態

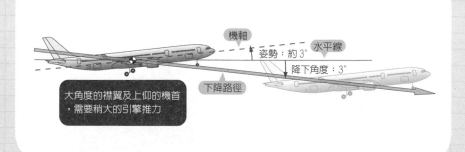

機軸

姿勢：約 3°

水平線

降下角度：3°

下降路徑

大角度的襟翼及上仰的機首，需要稍大的引擎推力

看不見跑道！怎麼辦？
可降落的最低高度？

　　當起落裝置降下，襟翼就降落位置，飛機姿態也處於穩定的狀態後，就可以順著ILS電波向下滑，然而，依舊無法看見羽田機場的跑道！這時，應如何降落呢？

　　飛行員從飛機看得見跑道與進場燈的可視距離，稱爲RVR（Runway Visual Range：跑道視程）；而決定要降落與否的高度界限，則稱爲決定高度。決定高度並非氣壓高度表所顯示的「高度（標高）」，而是電波高度表所顯示的高度（垂直距離）。ILS的精度及設備愈好，則即使看不見跑道也可以降落，可降落的高度下限也會更低。

　　例如羽田機場的跑到34L爲儀器降落層級1（CategoryⅠ），如果因爲濃霧影響而無法看到550m遠的距離，則無法著陸。但是，與之平行的34R，屬於儀器降落層級2（CategoryⅡ）則只要看得見350m遠的距離即可著陸；電波高度表的高度100英呎（30m）以上能看得見跑道，也可著陸。

　　在日本，符合儀器降落層級3b（Category Ⅲ b）的釧路機場、成田機場、中部機場、熊本機場等，只要跑道視程超過50m，即使不設定決定高度也能靠自動降落系統（Auto Landing）完成著陸，有效減少因爲視線不良而取消的班機數量。此外在完全看不見的狀態也能著陸的儀器降落層級3c（Category Ⅲ c），目前在日本沒有任何機場規格達到此標準。

▶CAT I （Category I ）

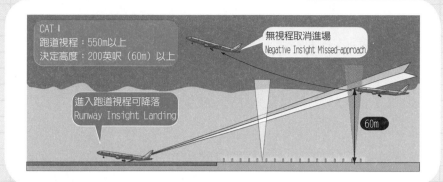

▶CAT II （Category II ）

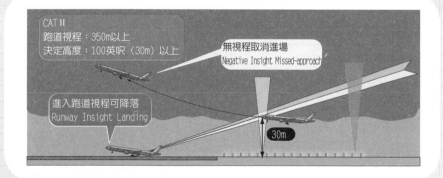

▶CAT III b （Category III b ）

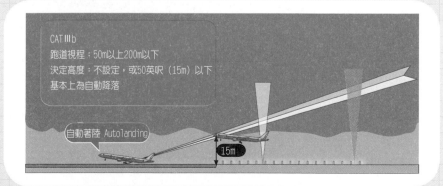

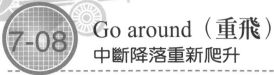

7-08 Go around（重飛）
中斷降落重新爬升

當目的地機場的天候不佳，在巡航高度下降前需實施的簡報中，就必須針對降落終止時的操作順序、方針等等，進行縝密的確認，這包括了能夠符合著陸的最低氣象條件、飛機是否有任何故障、甚至是負責操縱飛機的飛行員PF本身的資格能力，都必須一一確認。例如，即使該跑道符合儀器降落層級3b（Category Ⅲ b），如果飛機裝備規格不夠，即使只有一個動力故障，也無法以Category Ⅲ b的標準降落。此外，飛行員也必須擁有能對應Category Ⅲ b的資格。以上條件都具備之後，才能以Category Ⅲ b降落。

現在以要降落羽田機場的Category Ⅱ跑道34R為例。當飛機到了30m的決定高度時，還無法看見跑道和進場燈。此時就必須放棄降落，將引擎調整至重飛推力，依照既定的取消進場（Missed-Approach）飛行方式進入空中待機。

通常為了空中待機所準備的燃料都十分充足，但有時飛行員也會在航線途中改為空中交通管制所允許的捷徑（Short Cut）以減少燃油消耗，以應付各種可能的臨時狀況。

重飛時，如果能夠等到天候狀況變好而能夠重新降落是最好的，但卻仍免不了遇到天候持續不佳，非得改飛替代機場的狀況。此時，就必須再花一些時間等待空中交通管制的許可，這段時間所需的待機燃料，也必須在出發前就仔細考量。

▶ Go Around

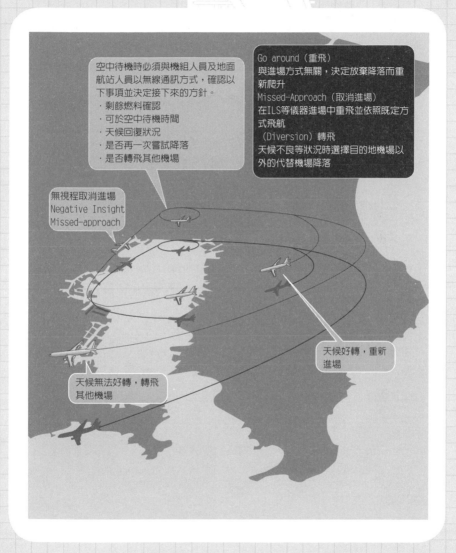

空中待機時必須與機組人員及地面航站人員以無線通訊方式，確認以下事項並決定接下來的方針。
・剩餘燃料確認
・可於空中待機時間
・天候回復狀況
・是否再一次嘗試降落
・是否轉飛其他機場

Go around（重飛）
與進場方式無關，決定放棄降落而重新爬升
Missed-Approach（取消進場）
在ILS等儀器進場中重飛並依照既定方式飛航
（Diversion）轉飛
天候不良等狀況時選擇目的地機場以外的代替機場降落

無視程取消進場
Negative Insight
Missed-approach

天候好轉，重新進場

天候無法好轉，轉飛其他機場

7-09 Flare（著陸前的「平飄操作」）
減緩觸地時的衝擊

因為羽田機場的天候已經回復，飛機可以降落了。讓我們先確認降落範圍的定義。

起飛是飛機邁向天際的第一個階段，指的是從飛機離開跑道，一直到襟翼完全收起為止；降落則是航程的最後一個階段，但時間點卻非從襟翼放下開始。從襟翼放下一直到到達跑道頭，稱作進場（Approach），而飛機以50英呎（15m）的高度通過跑道頭開始到飛機完全停止，才稱為降落。

然而，飛機並非以3°的下降角度，也就是垂直速度為時速10km（600～700英呎/分鐘）的姿態直接接觸地面。先說個題外話，飛機的降落裝置本身，其強度能夠承受時速11km（3m/秒，600英呎/分鐘）的下降率（乘客是否能受得了就另當別論了）。

因為飛機的重量高達200公噸以上，即使只是微小的下降率，都會產生莫大的衝擊能量。此時，飛行員會採取「平飄操作」，將機首上揚2～3°以縮小下降率，減少衝擊並和緩的接觸地面。這樣的操作，利用反轉機首讓飛行路徑從原本的3°轉為0°，就如同次頁圖中所示，就像是用線吊著飛機如鐘擺般的運動。

▶ 何謂降落

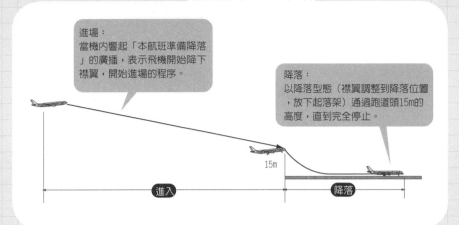

進場：
當機內響起「本航班準備降落」的廣播，表示飛機開始降下襟翼，開始進場的程序。

降落：
以降落型態（襟翼調整到降落位置，放下起落架）通過跑道頭15m的高度，直到完全停止。

15m

進入　　降落

▶ 緩和觸地衝擊的「平飄操作」

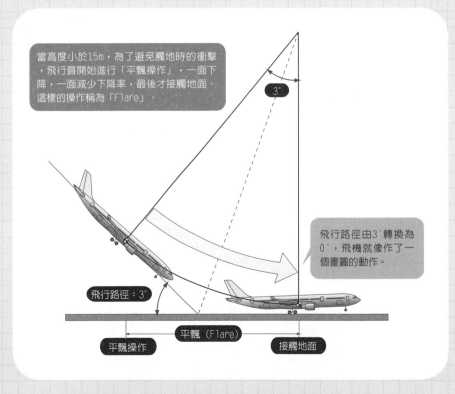

當高度小於15m，為了避免觸地時的衝擊，飛行員開始進行「平飄操作」，一面下降，一面減少下降率，最後才接觸地面。這樣的操作稱為「Flare」。

3°

飛行路徑由3°轉換為0°，飛機就像作了一個畫圓的動作。

飛行路徑：3°

平飄（Flare）

平飄操作　　接觸地面

7-10 V~REF~

降落時的基準速度

V_{REF}

當飛機於15m的高度通過跑道頭,負責飛機操作以外業務的飛行員PNF會喊出「Threshold」。通過Threshold(跑道頭)時的速度愈慢,降落所需的距離就愈短。但是,若速度過慢又可能導致失速,因此,這個通過的速度同時必須滿足沒有造成失速疑慮的條件才可。

通過跑道頭的速度稱為V_{REF}(飛機著陸標準速度),在Classic Jumbo機的年代約為失速速度的1.3倍以上;但到了A330等具備線控飛行的機種,因為操縱性較好,其V_{REF}也能再慢一些,約為失速速度的1.23倍。通過跑道頭並開始進行抬起機首操作時的速度應降低到V_{REF}的90%左右以落地,這時仍須小心維持速度,使之不至於過慢而造成失速。不論是哪一種類型的飛機,在降落時,機身愈輕,造成失速的速度就會愈慢,V_{REF}當然也會較慢。此外,降下襟翼時的速度也應以V_{REF}為基準。

速度表顯示的數值,是藉由降落時的飛機重量,透過FMS(飛行管理系統)所計算出的V_{REF}及失速速度。但是實際上在飛航時,不大可能正好以V_{REF}的速度降落。飛行員也必須考量航管人員所提供關於跑道風速等資訊,以$V_{REF} + \alpha$做為降落的目標速度。在降落簡報時,也必須針對降落目標速度應加上多少的安全係數為討論重點。

▶降落時的速度

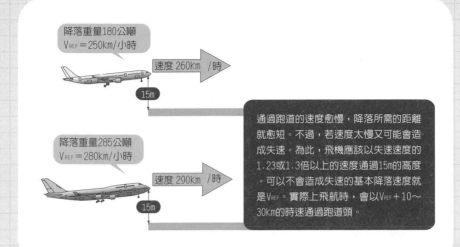

降落重量180公噸
V_{REF}＝250km/小時

速度 260km /時

15m

降落重量285公噸
V_{REF}＝280km/小時

速度 290km /時

15m

通過跑道的速度愈慢，降落所需的距離就愈短。不過，若速度太慢又可能會造成失速。為此，飛機應該以失速速度的1.23或1.3倍以上的速度通過15m的高度。可以不會造成失速的基本降落速度就是V_{REF}。實際上飛航時，會以V_{REF}＋10～30km的時速通過跑道頭。

▶空中巴士A330的速度表標示方法

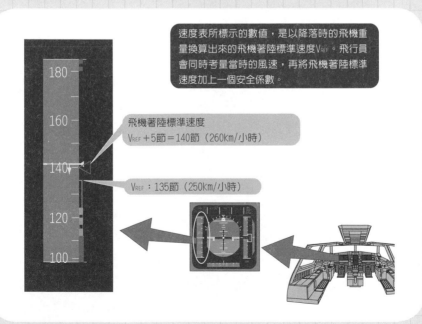

速度表所標示的數值，是以降落時的飛機重量換算出來的飛機著陸標準速度V_{REF}。飛行員會同時考量當時的風速，再將飛機著陸標準速度加上一個安全係數。

180

160

飛機著陸標準速度
V_{REF}＋5節＝140節（260km/小時）

140

V_{REF}：135節（250km/小時）

120

100

降落所需的距離
和起飛一樣必須多加一些緩衝距離

降落距離，是飛機從降落地面上方15m (50英呎) 的高度，接觸地面直到完全停止的水平距離。所謂降落地面則是指為了使跑道能夠有效利用而訂定的跑道頭（Threshold）。

談個題外話，像旅客機這一類的輸送機，在起飛時，必須通過跑道頭高度為10.7m (35英呎)；而輸送機以外的小型機，則不論起飛或降落應通過的跑道頭高度皆為15m (50英呎)。這是因為大型輸送機，特別是噴射旅客機的起飛性能較差，因此起飛時通過跑道頭的高度，只能達到15m (50英呎)的70%；10.7m (35英呎)。

做為測量降落距離基準的制動裝置，是擾流板與機輪剎車的組合，並不包括引擎反向噴射，這主要是因為若引擎發生故障，將很難保持飛機在跑道上直行，因此會選擇不採用反向引擎。不僅如此，與起飛距離的計算方式一樣，降落時，也會將實際需要的距離乘上1.67倍的安全係數，做為降落所需之距離。

此外，降落距離並非只受V_{REF}的速度影響，也會因跑道狀況而產生變化。例如，雨天跑道濕滑時，飛機要完全停止所需的距離會更長，更遑論積雪的狀況了，因此，當降落所需距離比跑道長，可能就得限制降落重量了。

▶ 降落所需的距離

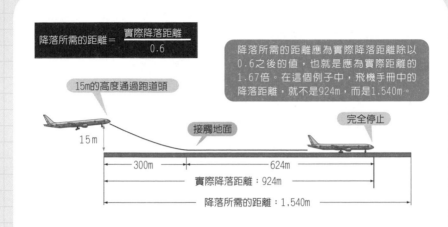

$$降落所需的距離 = \frac{實際降落距離}{0.6}$$

降落所需的距離應為實際降落距離除以0.6之後的值，也就是應為實際距離的1.67倍。在這個例子中，飛機手冊中的降落距離，就不是924m，而是1,540m。

15m的高度通過跑道頭

15 m

接觸地面

完全停止

300m

624m

實際降落距離：924m

降落所需的距離：1,540m

▶ 降落距離與跑道的狀態

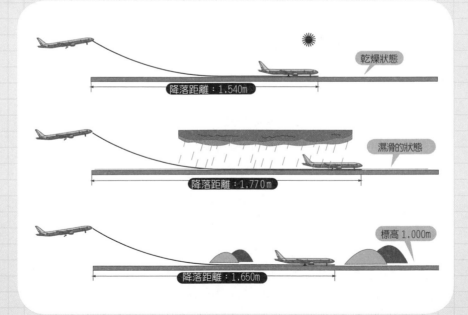

乾燥狀態

降落距離：1,540m

濕滑的狀態

降落距離：1,770m

標高1,000m

降落距離：1,650m

181

7-12 Auto-landing（自動降落）
自動降落系統的構造

　　雖然羽田機場的天氣已經回復，但視線仍然不佳，僅能勉強滿足CATII的條件，因而啟動自動降落系統。

　　自動降落系統是透過ILS接收裝置、自動駕駛系統（Auto pilot）、自動推力控制系統（Auto Thrust System）、及電波高度表等裝置，來達到以下四種功能。

- ・進場時自動導航至跑道
- ・觸地前，為了減低下降率而自動將機首昂起的操作
- ・引擎自動移至怠速
- ・觸地後，自動於跑道中心線上走行

　　首先，進入跑道時會先抓到左右定位台電波，然後導航至對準跑道中心線；接著，抓到滑降台電波，飛機開始自動沿著3°的斜角降落。以此態勢進場直到460m的高度，Flare（抬起機首）及Rollout（落地後在跑道滑行時自動對準跑道中線）兩模式也已就定位，此時，飛行員會唸出「Flare Arm」。

　　當飛機高度來到15m左右時，機首開始自動仰起，引擎推力也退回IDLE的位置，直到觸地後自動保持在跑道中心線滑行。

　　自動降落系統不僅可以用在天候不佳的情況，曾經發生過駕駛艙前擋風玻璃因為滲入火山灰而使得飛行員幾乎看不見前方的狀況下，最後利用自動降落系統安全的完成降落。

▶ 在自動降落以前

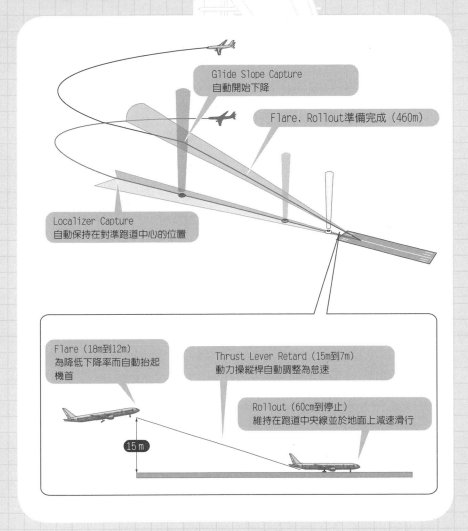

Glide Slope Capture
自動開始下降

Flare，Rollout準備完成（460m）

Localizer Capture
自動保持在對準跑道中心的位置

Flare（18m到12m）
為降低下降率而自動抬起
機首

Thrust Lever Retard（15m到7m）
動力操縱桿自動調整為怠速

Rollout（60cm到停止）
維持在跑道中央線並於地面上減速滑行

15 m

7-13 各種減速裝置的功能
擾流板、機輪減速、反向噴射

　　一旦接觸地面，減速操縱桿會自動作動，所有的擾流板都會同時立起。在剛接觸地面飛機速度尚處於高速階段就作動，除了是為了增加空氣阻力之外，同時更是為了減少升力，將飛機的重量重新轉移至機輪，透過機輪與跑道之間的摩擦，讓機輪減速裝置能夠有效發揮。以波音B747為例，如果只靠機輪減速所需的降落距離需要1,540m，但若加上擾流板的輔助，著陸距離可以縮短到1,180m，整整減少了360m。

　　機輪減速裝置會在飛機接觸到地面，感知到輪胎轉動的時間點，依照預先設定好的減速率自動作動。如果車輪減速在機輪轉動前就提前作動，很有可能造成機輪爆胎，因此，飛機設計有在空中時減速裝置不會作動的保護功能。飛行員可以利用踩下方向舵踏板的上方來解除自動減速系統的鎖定狀態，透過踏板可以使減速裝置作動。

　　唯一一個必須由飛行員手動操作的，是稱為Thrust Reverser的引擎反向噴射裝置。反向噴射裝置並無與地面接觸，因此特別是在跑道路面濕滑時，能夠發揮極大的制動效果。但是，當引擎有故障，會使左右制動能力不對稱而無法在跑道上直線行進，因此引擎有故障時不會採用這項裝置減速。擁有四顆引擎的A380也一樣，僅有內側的兩顆引擎設有反向噴射，外側的兩顆引擎並無裝備。

　　空中巴士機與波音機雖然拉桿位置及名稱雖各自有異，但其制動裝置的種類及其作動方式都完全相同。

▶ A330的地上刹車系統

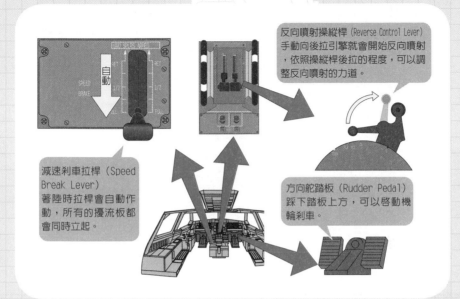

反向噴射操縱桿（Reverse Control Lever）
手動向後拉引擎就會開始反向噴射，依照操縱桿後拉的程度，可以調整反向噴射的力道。

減速刹車拉桿（Speed Break Lever）
著陸時拉桿會自動作動，所有的擾流板都會同時立起。

方向舵踏板（Rudder Pedal）
踩下踏板上方，可以啟動機輪刹車。

▶ B777的地上刹車系統

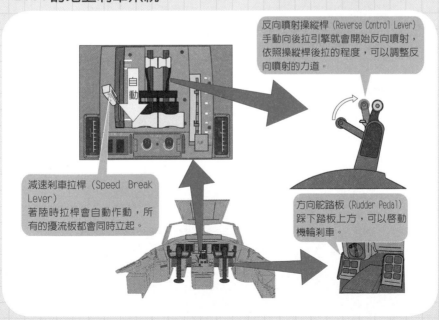

反向噴射操縱桿（Reverse Control Lever）
手動向後拉引擎就會開始反向噴射，依照操縱桿後拉的程度，可以調整反向噴射的力道。

減速刹車拉桿（Speed Break Lever）
著陸時拉桿會自動作動，所有的擾流板都會同時立起。

方向舵踏板（Rudder Pedal）
踩下踏板上方，可以啟動機輪刹車。

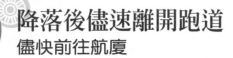

7-14 降落後儘速離開跑道
儘快前往航廈

接觸地面且速度降低後，必須先將引擎反向噴射拉桿推回原位置。這是因爲在低速的狀態下持續讓引擎反向噴射，其反向噴射的氣體會再次被吸入引擎中，造成引擎震動（Engine Surge：引擎內氣流不順而造成波動的狀態）。從抑制噪音的觀點來看，也可能完全不採用引擎反向噴射，或僅在引擎推力爲零的時候才使用。

降落後，爲了不影響後續班機降落，飛機必須儘速離開跑道，因此滑行道（離開跑道的滑行道）會將轉彎設計的較和緩，以便於仍處於高速狀態的飛機能夠使用。當離開跑道進入滑行道後，減速拉桿也可以拉回原本位置並立起襟翼。接著，以時速30km的速度在地面上滑行，往航廈閘門前進。

往閘門行進間，得啓動APU（輔助動力系統）以確保電源及空調所需的壓縮空氣。但是如果目的地的機場地上設備配有電源裝置及空調裝置，則會考量噪音及排放廢氣的問題而不啓動APU。爲此，即使飛機已經進入閘門，在尚未接上外部電源前，仍須讓右側引擎運轉以確保電源。這也就是爲什麼飛機明明已經停止，卻還仍聽到引擎聲的原因了。這時，和汽車停車時應拉起手剎車一樣，飛機也應設定停機用剎車（Parking Break）。接著當外部電源導入，引擎停止，這一趟飛航就正式結束了。

▶往航廈前進

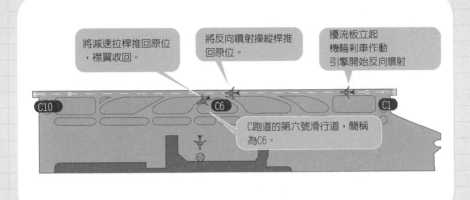

將減速拉桿推回原位，襟翼收回。

將反向噴射操縱桿推回原位。

擾流板立起
機輪剎車作動
引擎開始反向噴射

C跑道的第六號滑行道，簡稱為C6。

▶設定停機用剎車

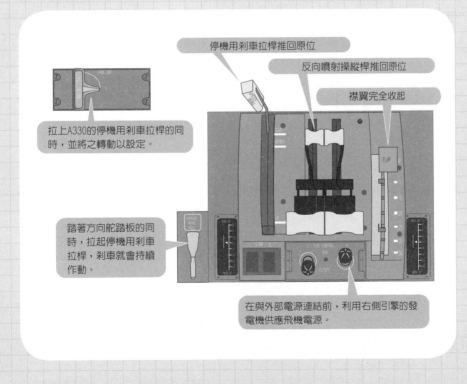

停機用剎車拉桿推回原位

反向噴射操縱桿推回原位

襟翼完全收起

拉上A330的停機用剎車拉桿的同時，並將之轉動以設定。

踏著方向舵踏板的同時，拉起停機用剎車拉桿，剎車就會持續作動。

在與外部電源連結前，利用右側引擎的發電機供應飛機電源。

與空中飛翔的始祖們相遇

　　海邊或靠山的機場周邊，是鳥兒或昆蟲等飛翔於空中的始祖們棲息的地方。大多時後彼此都能和平共處，但有時仍會於飛機起降時發生衝突。

　　噴射引擎的進氣口很大，當不慎吸入空氣以外的異物，就會造成外物損害（FOD：Foreign Object Damage），這或許就是噴射引擎的宿命。因為引擎大量地吸入空氣，使得在附近飛翔的鳥兒，即使不願意卻仍可能被吸進引擎中。當鳥類被吸入引擎，會造成引擎風扇的彎折或損壞，使引擎產生巨大的震動，最糟的情況，可能會使引擎停止。而若吸入引擎中心，就會使排氣氣體溫度上升，甚至造成機艙內飄散異味。

　　飛鳥撞擊的事件中，有40％發生在引擎，40％發生在機首，另外20％則發生在機翼或起落裝置，除了引擎以外的飛鳥撞擊，通常只會造成機殼上的撞擊痕跡，並不會有任何傷害，但若撞上駕駛艙的前方擋風玻璃，則可能會妨礙到飛行員的視線。例如與成群的昆蟲撞擊後所留下的痕跡，在空中根本不大可能清除，只能等回到地面上才能洗淨。

　　也不只有生物會造成視線不良，前擋風玻璃上本來就會有一些細小刮痕，當遇到粒子極小的火山灰，很容易就卡在細小刮痕的縫裡面，使得擋風玻璃變得模糊，嚴重影響飛行員視線。

第8章

緊急狀況～Emergency

這一章節將針對當飛機在太平洋上方發生引擎故障等等的緊急狀況時，

飛機本身能如何通知飛行員，

及飛行員的操作方法等進行解說。

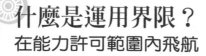

8-01 什麼是運用界限？
在能力許可範圍內飛航

　　每一位飛行員都必須熟知飛機的運用界限。所謂運用界限，是飛行員在操作或運用飛機時不可超過的限度，包括了最大起飛重量等重量及重心位置的限制、運用速度界限、襟翼及起落裝置的速度界限，還有引擎和其他各個裝置，皆有其運用界限。

　　這些運用界限在航空業界稱作「Limitation」，是飛行員必須記得為數眾多的項目其中之一。讓我們從這些必須記得的所有項目中選幾個代表性的項目一窺一二。

　　例如，羽田機場到了春天吹拂強風的季節時，飛機起降時很容易遇到側風。對於飛機逆風起降並沒有特別限制，但針對順風或側風則有規定。當順風的狀況超過規定範圍，則只要改由反方向起降即可解決問題，而側風就沒有這麼單純了。請參考下頁圖示，必須先由跑道及風向的方位，計算出側風的強度，每架飛機皆有其限制值，但大多為風速16～19m。然而，若因為雨水或雪造成跑道濕滑，則即使側風風速僅有5m，可能也會限制起降。

　　其次是引擎。噴射引擎中的渦輪，必須長期處於高溫氣體的環境下高速回轉。吹向渦輪的氣體溫度可以決定引擎壽命，因此，這一區的溫度管理更顯重要。然而，該位置的溫度高達1,300℃，絕對不可能設置溫度計，因此必須利用渦輪出口的排氣溫度（EGT）進行管理，從引擎一啟動到著陸完成的整個期間，都必須受到嚴格的監控。

▶ 側風限制

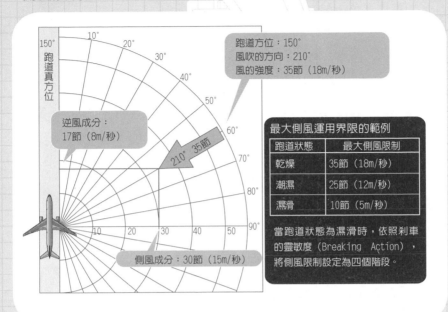

跑道方位：150°
風吹的方向：210°
風的強度：35節（18m/秒）

逆風成分：
17節（8m/秒）

側風成分：30節（15m/秒）

最大側風運用界限的範例	
跑道狀態	最大側風限制
乾燥	35節（18m/秒）
潮濕	25節（12m/秒）
濕滑	10節（5m/秒）

當跑道狀態為濕滑時，依照刹車
的靈敏度（Breaking Action），
將側風限制設定為四個階段。

▶ 排出氣體的溫度限制

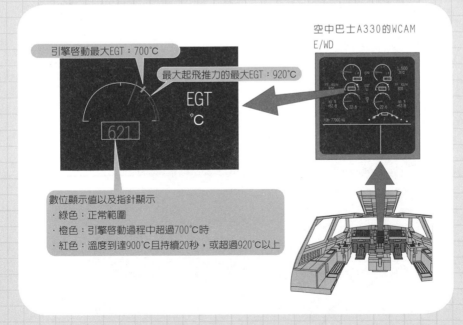

引擎啓動最大EGT：700°C

最大起飛推力的最大EGT：920°C

空中巴士A330的WCAM
E/WD

數位顯示值以及指針顯示
・綠色：正常範圍
・橙色：引擎啓動過程中超過700°C時
・紅色：溫度到達900°C且持續20秒，或超過920°C以上

191

中止引擎啓動的原因？
引擎過熱或轉速不夠

在此，我們針對必須中止引擎啓動的狀況，舉幾個代表性的例子。

「熱啓動」是因爲排出氣體的溫度（EGT）突然急速上升而超過限制值的現象。因爲還正在啓動，使得能供應引擎內部冷卻的空氣量不足，很有可能因爲過熱而造成渦輪極大的損害。因此，通常飛機都會將EGT限制溫度設定的較低。

「濕啓動」是燃料雖已流入引擎，引擎卻沒有在規定的時間內點火的現象。我們在點瓦斯爐的時候，都是先「喀答喀答」的點火，等產生火花後瓦斯才流入；如果順序顛倒的話，就可能產生危險。飛機也一樣，點火器（Igniter）在燃料流入後才作動是非常危險的，因此遇到這種狀況必須立刻中止引擎啓動。點火器就是產生問題的原因。

「緩慢啓動」指的則是引擎加速回轉的時點比正常還晚的情況。引擎內流動的空氣量過少，有時也會伴隨著排出氣體溫度急速上升的現象。造成此狀況的原因，有可能是啓動機突然中斷，或啓動機旋轉不足，又或者是因爲燃料流量過低等，甚至在強烈背風（順風）的情況下啓動引擎也有可能發生，所以最好還是確定飛機是迎風之後再啓動引擎會比較安全。

當引擎啓動時發生異常，電子引擎控制系統會自動停止燃料供應並中止引擎啓動，但是引擎不會立刻停止，而會先空轉約30秒，確保殘餘燃料已從排氣孔排出後才會完全停止。

▶ 引擎啓動中止的狀況

必須中止引擎啓動的現象

名稱	現象	原因
熱啓動	排出氣體溫度急速上升且超過限制值	・啓動器力道不足 ・燃料的流量過大 ・強勁的順風
濕啓動	從燃料流入後的一定時間內沒有完成點火	・點火器不良
緩慢啓動	轉速上升過慢。有時也會伴隨著排出氣體溫度急速上升的現象。	・啓動器力道不足 ・燃料的流量過小 ・強勁的順風

其他還有例如風扇無正常轉動、引擎熄火（通常為過大的聲音及震動、或流入引擎的空氣紊亂所造成）、啓動器無法脫離引擎、引擎排氣口出現火焰（通常為排氣口有燃料殘留所造成）等現象。

▶ 中止引擎啓動

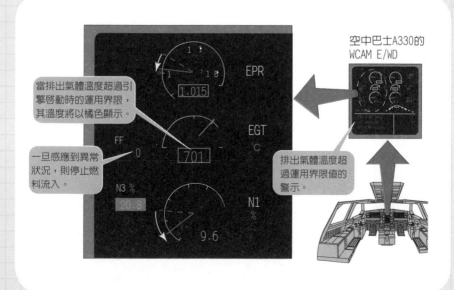

空中巴士A330的 WCAM E/WD

當排出氣體溫度超過引擎啓動時的運用界限，其溫度將以橘色顯示。

一旦感應到異常狀況，則停止燃料流入。

排出氣體溫度超過運用界限值的警示。

EPR 1.015

EGT 701 ℃

FF 0

N3 % 20.8

N1 % 9.6

8-03　RTO (放棄起飛)
什麼情況下一定得中止呢？

　　決定是否繼續或停止起飛的基準，是起飛決定速度V1。停止起飛稱為RTO (Rejected take-off)，從下頁圖中不難看出當速度愈接近V_1，RTO可能造成的風險也就愈大。

　　因此，在起飛簡報中，所有人員一定會針對RTO進行確認。例如，速度未達V_1以前，若發生：

- ·伴隨著推力突然減少的引擎故障
- ·引擎火災或嚴重傷害 (Severe Damage)
- ·起飛警報裝置作動

等三個狀況時，會執行RTO。這三個狀況以外的情形，則可起飛。

　　當引擎推力急速減少，在速度達到V_1以前，剩餘的引擎很有可能加速也無法在跑道內完成起飛。因此，當遇到此情形時，會立刻將動力操縱桿推到怠速，中止起飛。而若在V_1以前，引擎失火應立即停止於跑道上，即使無法立即滅火，卻也可以讓人員進行避難。最後如果起飛警報作動，通常表示襟翼或水平尾翼發生異常，如果持續起飛，可能使該班機陷入危險中，因此必須放棄起飛。

　　然而，並非只要速度未達V_1就一定能中止起飛。假設油壓剎車發生故障，即使已經決定放棄起飛，仍可能無法順利停止，這時就只能先起飛，嚴擬對策後，再進行降落反而比較安全。當速度已接近V_1時，最好還是繼續起飛，會比較安全。

▶ 中止起飛的風險

決定中止起飛時的速度愈快，風險愈大。因此，如果速度已經到達V₁附近，繼續起飛的安全性會遠高於起飛中止。

低 ◀　RTO風險　▶ 高

100節
（185km/小時）

V_1　　V_R　　V_2

▶ 中止起飛的準備

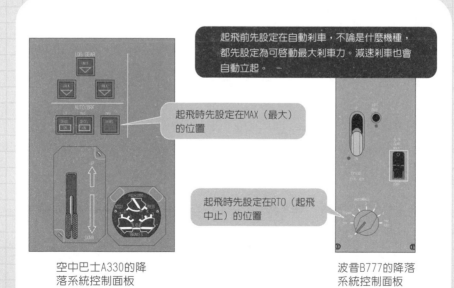

起飛前先設定在自動剎車，不論是什麼機種，都先設定為可啟動最大剎車力。減速剎車也會自動立起。

起飛時先設定在MAX（最大）的位置

起飛時先設定在RTO（起飛中止）的位置

空中巴士A330的降落系統控制面板

波音B777的降落系統控制面板

起飛過程中，擔任飛機操縱以外的飛行員PNF會負責監控引擎儀表；當PNF發現引擎故障時，會喊出「Engine Fail（引擎故障）」，至於是哪個引擎發生故障，為了不造成擔任飛機操縱的飛行員PF有先入為主的想法，PNF則不會特別強調。不僅如此，在起飛過程中，除了引擎故障等重大異常外，警報系統不會輕易動作，以免飛行員負擔多餘的操心。

決定要放棄起飛或是繼續起飛的，是擁有該航班指揮權的機長（PIC）；因此，即使機長為PNF，在速度到達V_1以前，機長仍會將手放在動力操縱桿上以便可能決定中止起飛的操作。

當速度到達V_1且決定繼續起飛後，剩下的引擎必須能夠足以確保飛機安全起飛、加速、並爬升。到了襟翼完全立起，就算是完成起飛推力的任務，接下來就交棒給最大連續推力（MCT），當飛行高度來到1,500英呎（約460m），起飛就算完成。在此期間必須遵守的爬升斜度，如次圖所示，依飛機種類不同各有限制。

完成起飛後，基本上必須依照起飛簡報時所訂定的方針進行飛航，但因為之前的引擎故障有可能是因為燃料供給暫時性的停止（Flame out：引擎燃燒室中的火焰突然消失的現象）所造成，因此有時可能會再次嘗試啟動停止的引擎。

▶ 引擎故障時的起飛

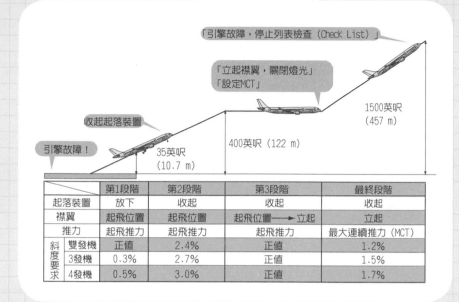

「引擎故障，停止列表檢查（Check List）」

「立起襟翼，關閉燈光」
「設定MCT」

收起起落裝置

1500英呎
（457 m）

引擎故障！

35英呎
（10.7 m）

400英呎（122 m）

		第1段階	第2段階	第3段階	最終段階
起落裝置		放下	收起	收起	收起
襟翼		起飛位置	起飛位置	起飛位置——立起	立起
推力		起飛推力	起飛推力	起飛推力	最大連續推力（MCT）
斜度要求	雙發機	正值	2.4%	正值	1.2%
	3發機	0.3%	2.7%	正值	1.5%
	4發機	0.5%	3.0%	正值	1.7%

▶ 引擎再啟動

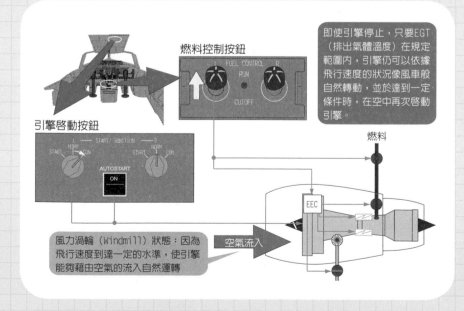

燃料控制按鈕

即使引擎停止，只要EGT（排出氣體溫度）在規定範圍內，引擎仍可以依據飛行速度的狀況像風車般自然轉動，並於達到一定條件時，在空中再次啟動引擎。

引擎啟動按鈕

燃料

風力渦輪（Windmill）狀態：因為飛行速度到達一定的水準，使引擎能夠藉由空氣的流入自然運轉

空氣流入

EEC

8-05 釋放燃料的方法
減少重量以便降落

有時候會遇到因為某些狀況（飛機故障或是有突發病患等等）而必須返回出發機場。如果是國內線班機，是能夠以起飛時的重量直接降落；但若是國際線的班機，則無法以起飛重量降落；更不用說遠距離的國際線，因為其搭載的燃料很多，使得起飛重量非常重，與可降落的最大重量相距甚遠。

以波音B777-300ER為例，最大起飛重量為352公噸，最大降落重量卻只有252公噸，這之間就遠差了100公噸。因此，若以352公噸的重量起飛，卻因為某些理由必須返回原機場，就必須減少100公噸的重量，才有可能達到降落最大重量並進行降落。

飛機在空中唯一的減重方式，就是將燃料排出。排出的方式，是透過燃料槽內的幫浦將燃料從翼端排出。假設有4個每分鐘可排放0.5公噸的幫浦同時作動，也需要50分鐘的時間才能把100公噸的燃料排出。不過因為引擎也同時在消耗燃料，因此實際上所需的時間會更短。此外，在能夠確定可降落某機場的前提下，燃料排放會盡可能在原野或海上執行。

當狀況實在過於緊急時，即使在超過最大降落重量的狀況下降落，飛機的強度也通常不會有問題，但為了安全起見，降落重量還是盡可能減輕會比較好。例如，起飛後發現有兩個以上的機輪爆胎，則飛機就要盡可能減輕重量，甚至最好在燃料完全消耗殆盡的狀況下降落，能有效減低發生火災的風險。

▶ 釋出燃料的地點

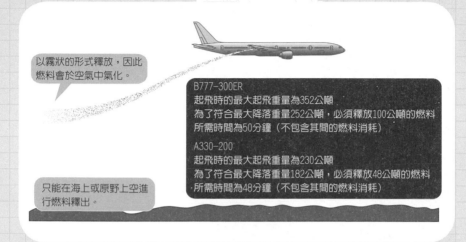

以霧狀的形式釋放，因此燃料會於空氣中氣化。

B777-300ER
起飛時的最大起飛重量為352公噸
為了符合最大降落重量252公噸，必須釋放100公噸的燃料
所需時間為50分鐘（不包含其間的燃料消耗）

A330-200
起飛時的最大起飛重量為230公噸
為了符合最大降落重量182公噸，必須釋放48公噸的燃料
所需時間為48分鐘（不包含其間的燃料消耗）

只能在海上或原野上空進行燃料釋出。

▶ 燃料釋放裝置

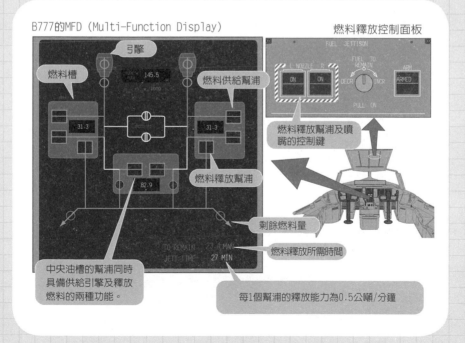

B777的MFD (Multi-Function Display)

燃料釋放控制面板

引擎

燃料槽

燃料供給幫浦

燃料釋放幫浦

燃料釋放幫浦及噴嘴的控制鍵

中央油槽的幫浦同時具備供給引擎及釋放燃料的兩種功能。

剩餘燃料量

燃料釋放所需時間

每1個幫浦的釋放能力為0.5公噸/分鐘

199

我們在第6章有提到，維持機艙內氣壓的，是在機體前後的2個排氣調節瓣 (Out-flow Valve)。飛機位於空中時，只要稍稍開啓排氣調節瓣，就足以維持機內氣壓；假設將排氣調節瓣全開，即使只開啓一個，由於機內外的壓力差約有6.0公頃/m²，將使得機內壓力一口氣被抽掉，在極短的時間內，機內壓力就會與飛行高度一致。就像是將氣球戳一個小洞，氣球就會立刻消氣的道理是一樣的。一旦飛機發生排氣調節瓣全開而無法控制壓力的情況，機艙內會聽到「空—」的一聲，隨即氣壓急速降低，並伴隨著急風與霧氣，和耳朵的強烈不適感。遇到這種情況，飛行員的首要之務，就是戴上氧氣罩。因爲，當座艙壓力與12,000m高空中的壓力一樣，飛機裡的人將在30秒左右就喪失所有空氣，若飛行員無法呼吸空氣，就無法操縱飛機，因此必須在第一時間就先將氧氣罩戴上。接著，飛行員會藉由氧氣罩內的麥克風與其他機組人員聯繫，並開始著手緊急將飛機下降到不需氧氣罩的高度。緊急下降的下降率約爲正常下降的5～6倍以上，幾乎是以瀕臨運用界限速度的速度下降，從12,000m高的高度僅需約5分鐘，就可以下降到不需氧氣罩的3,000m以下。而在3,000m的低空飛航較耗油，因此飛機在出發前，就會先假設當遇到此狀況時的替代機場及預先裝載所需的燃料，使飛機能夠繼續安全地航行。

▶ 急減壓時的緊急下降

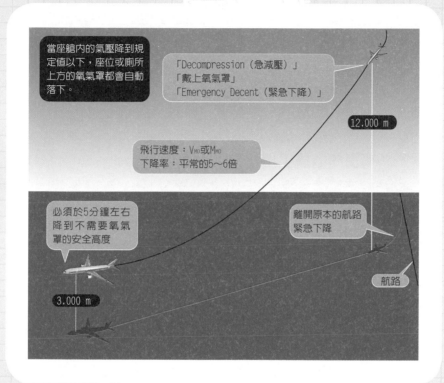

當座艙內的氣壓降到規定值以下，座位或廁所上方的氧氣罩都會自動落下。

「Decompression（急減壓）」
「戴上氧氣罩」
「Emergency Decent（緊急下降）」

12.000 m

飛行速度：V$_{MO}$或M$_{MO}$
下降率：平常的5～6倍

必須於5分鐘左右降到不需要氧氣罩的安全高度

離開原本的航路緊急下降

3.000 m

航路

▶ 飛行員用的氧氣罩

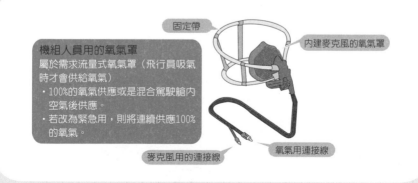

固定帶

內建麥克風的氧氣罩

機組人員用的氧氣罩
屬於需求流量式氧氣罩（飛行員吸氣時才會供給氧氣）
・100%的氧氣供應或是混合駕駛艙內空氣後供應。
・若改為緊急用，則將連續供應100%的氧氣。

麥克風用的連接線

氧氣用連接線

8-07 在太平洋上空發生引擎故障
什麼是Drift Down？

　　所有的客機與貨機都有不論何時引擎發生故障皆不會影響安全飛行的設計。不僅能夠對應起飛過程中發生的引擎故障，即使在太平洋上空發生引擎故障，都有設定針對當時狀況的警告標示及操作方法，以提供飛機安全的飛航。在此，我們以最具代表性的引擎故障案例——引擎熄火（Flame out）與Drift down的操作方式。

　　引擎熄火指的是原本應該連續燃燒的噴射引擎，其燃燒室內的火焰突然消失，使引擎停止的現象。引擎熄火會使排出氣體溫度表及轉速表等引擎相關儀表的數值急速下降，同時造成驅動引擎的發電機及油壓幫浦異常。而造成引擎熄火的原因，通常是由於引擎控制系統或燃料幫浦等發生故障所導致，但也曾經發生因為引擎吸入火山灰而導致熄火的案例。

　　引擎發生故障時的首要緊急操作，就是先嘗試再啟動。然而，當飛機已經在相當高的高度飛行，剩餘的引擎推力可能會因為無法維持巡航速度而造成失速，因此，必須先設定剩餘引擎的最大推力，並迅速將飛機下降到可穩定飛行的高度。此時的下降，稱為Drift Down，其下降速度，會依當時的實際狀況進行設定。

　　為了在下降時能夠盡可能爭取到距離，通常會採用下降角度最小的速度下降，但有時也會考量控制在較容易重新發動引擎的速度進行下降。此外，有ETOPS認證（請參考第210頁）的班機，則能夠以接近最大運用速度的速度下降，以便於在規定時間（例如180分鐘）內完成緊急降落。

▶ 引擎故障的代表性範例

引擎故障的代表性範例	表現方式、警告	處置方式
引擎起火	・火警警鈴作動 ・火警警示燈亮 ・引擎起火的訊息	・引擎停止 ・噴灑滅火藥劑
引擎死火Engine Stall	・發出「咚」的警告音	・降低引擎出力 ・依實際狀況需要停止引擎
引擎熄火Flame out	・所有引擎儀表的數值皆會下降	・引擎停止
潤滑油溫度上升	・訊息	・降低引擎出力 ・依實際狀況需要降低運轉 　或停止引擎

▶ Drift Down

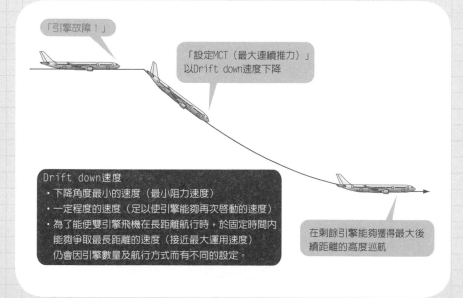

「引擎故障！」

「設定MCT（最大連續推力）」
以Drift down速度下降

Drift down速度
・下降角度最小的速度（最小阻力速度）
・一定程度的速度（足以使引擎能夠再次啟動的速度）
・為了能使雙引擎飛機在長距離航行時，於固定時間內
　能夠爭取最長距離的速度（接近最大運用速度）
　仍會因引擎數量及航行方式而有不同的設定。

在剩餘引擎能夠獲得最大後
續距離的高度巡航

發生火災怎麼辦？

引擎起火

　　飛航中所發生的所有火災，都必須能夠立刻自動滅火。因此，包括座艙、貨艙、引擎、起落架收納室、電子電器設備收納室等處，都有設置防火裝置及警報裝置。在此，我們以引擎起火為例，來確認警報裝置將如何作動、以及人員如何進行緊急操作。

　　當引擎起火時，駕駛艙內的警鈴會立刻響起，同時，設置於飛行員面前的主警報等也會亮起。設置於空中巴士A330上方面板的引擎火災按鈕會亮起紅燈，位於控制燃料開關的引擎主按鈕附近的引擎火災燈也會亮起紅燈；波音B777則是Engine Fire Handle和控制燃料開關的引擎控制按鈕會亮紅燈。不論是空中巴士機或是波音機，一旦這些警示燈亮起，都將等到火勢完全撲滅後才會熄燈。

　　而因為警報的聲響會妨礙到人員間的對話及聯繫，通常在確認起火的引擎燈號，飛行員就會按下主警報燈的按鈕以停止警報聲響。如果減低引擎推力或甚至關閉引擎都無法滅火，為了避免引起二次火災，飛行員必須立刻按下火災按鈕（或是拉上火警桿）關閉燃料供給口，停止抽出壓縮空氣，並準備噴射滅火藥劑。假設火災仍無法有效控制，就應立刻按下滅火藥劑噴射按鈕（或轉動火警操縱盤）開始噴灑滅火藥劑。

▶A330的引擎防火裝置

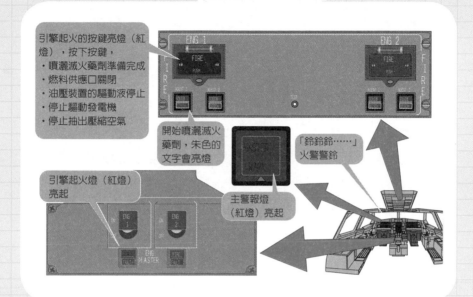

引擎起火的按鍵亮燈（紅燈），按下按鍵，
- 噴灑滅火藥劑準備完成
- 燃料供應口關閉
- 油壓裝置的驅動液停止
- 停止驅動發電機
- 停止抽出壓縮空氣

開始噴灑滅火藥劑，朱色的文字會亮燈

「鈴鈴鈴……」火警警鈴

引擎起火燈（紅燈）亮起

主警報燈（紅燈）亮起

▶B777的引擎防火裝置

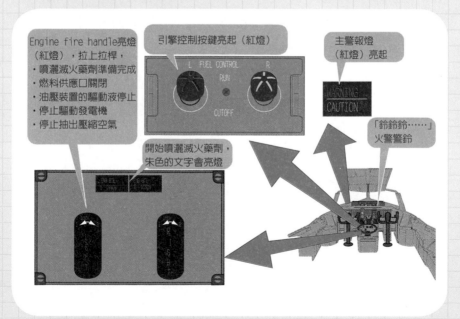

Engine fire handle亮燈（紅燈），拉上拉桿，
- 噴灑滅火藥劑準備完成
- 燃料供應口關閉
- 油壓裝置的驅動液停止
- 停止驅動發電機
- 停止抽出壓縮空氣

引擎控制按鍵亮起（紅燈）

主警報燈（紅燈）亮起

「鈴鈴鈴……」火警警鈴

開始噴灑滅火藥劑，朱色的文字會亮燈

油壓裝置故障了！
有備無患

　　一旦引擎發生故障，幫助油壓裝置加壓的幫浦也會停止作動。有鑑於此，多於海洋上方長距離飛行的雙引擎飛機，會配備3組油壓裝置，以因應引擎故障的狀況。空中巴士A330的油壓裝置分為綠、藍、黃三種；波音B777則有右、中央、及左共三種系統的油壓裝置。接著，讓我們一起確認當油壓裝置故障時所需進行的操作。即使2組油壓裝置同時故障，輔助翼、升降舵及方向舵等部位，仍能夠自由飛行，甚至耗油量最大的起落裝置及襟翼，也都配備了能夠獨立作動的備援系統。不論是空中巴士A330或波音B777，都只要1組油壓裝置就足以啟動起落裝置，而當這一組油壓裝置故障，就會無法降下起落裝置。為了避免此狀況發生，飛機設計了緊急用起落架控制裝置做為備用。這個備用裝置的構造，是利用電動馬達解除起落裝置及起落架艙門的固定狀態，再利用起落裝置本身的重量將艙門推開並自然降下起落架。A330的襟翼，則是由2組油壓裝置啟動以確保耐久性；B777則是透過1組系統驅動，所以同樣的，它也備有緊急用襟翼作動裝置。此外，啟動襟翼及起落裝置最重要的油壓系統，也有備援設計。此備援裝置即是利用空氣力量回轉的RAT（Ram-air Tuibine：衝壓式渦輪）。

▶ A330的油壓裝置

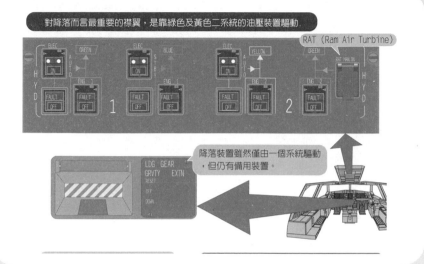

對降落而言最重要的襟翼，是靠綠色及黃色二系統的油壓裝置驅動

RAT (Ram Air Turbine)

降落裝置雖然僅由一個系統驅動，但仍有備用裝置。

▶ B777的油壓裝置

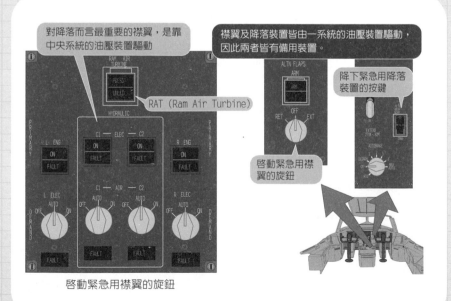

對降落而言最重要的襟翼，是靠中央系統的油壓裝置驅動

RAT (Ram Air Turbine)

襟翼及降落裝置皆由一系統的油壓裝置驅動，因此兩者皆有備用裝置。

降下緊急用降落裝置的按鍵

啟動緊急用襟翼的旋鈕

啟動緊急用襟翼的旋鈕

發電機故障了！
雙引擎飛機至少有3組系統

　　線控飛行的飛機，能夠將側置操縱桿或傳統操縱桿的動作轉換為電氣信號來控制各舵面。飛航管理系統這一類的電腦設備，也必須靠著電力驅動，而對於這些電腦而言，即使只有瞬間的失去電力，都足以使其無法正常動作，由此可見，愈是高科技的飛機，其配備的電源供給裝置就愈顯重要。飛機的發電機是利用引擎回轉來運作的，可想而知當引擎發生故障，發電機也將無法使用。因此，雙引擎飛機執行長距離海上飛行時，被要求必須配備3組以上的電器系統。也就是說，即使引擎發生故障，剩餘的引擎不但仍保有一組驅動發電機，還有多1組系統可做為備用。

　　在此，要登場的就是APU (輔助動力裝置)。APU本來是飛機在地面上引擎未啓動時的電力來源及供應壓縮空氣的輔助用動力裝置；而當引擎故障時，雙引擎飛機的APU就從配角躍升為主角，主導整個動力裝置。不論是空中巴士機，或是波音機，都配有各引擎的驅動發電機，和在空中也可使用的3組APU發電機。另外，空中巴士機A330加裝了油壓裝置驅動發電機來因應可能的緊急狀況；波音B777則是增加了1組RAT (Ram-air Turbine) 驅動發電機。

　　此外，若發電機本身發生故障，發電機會切斷與電子機器類設備之間的連結，而為了不影響到引擎作動，發電機也設與引擎切斷連結的裝置。

▶ A330的電力控制面板

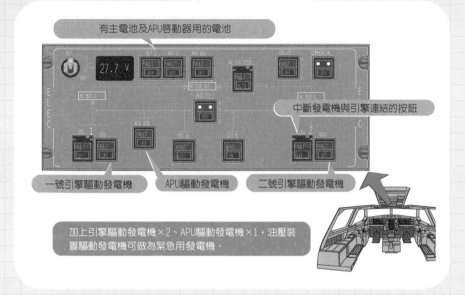

有主電池及APU啟動器用的電池

中斷發電機與引擎連結的按鈕

一號引擎驅動發電機　　APU驅動發電機　　二號引擎驅動發電機

加上引擎驅動發電機×2、APU驅動發電機×1，油壓裝置驅動發電機可做為緊急用發電機。

▶ B777的電力控制面板

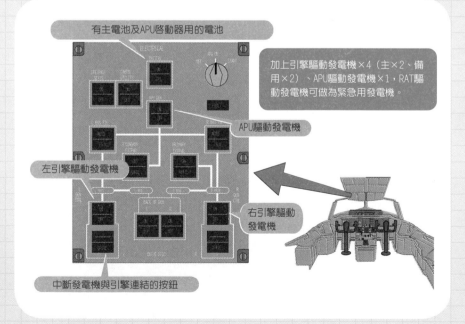

有主電池及APU啟動器用的電池

加上引擎驅動發電機×4（主×2、備用×2）、APU驅動發電機×1，RAT驅動發電機可做為緊急用發電機。

APU驅動發電機

左引擎驅動發電機

右引擎驅動發電機

中斷發電機與引擎連結的按鈕

ETOPS180認證是什麼？
讓雙引擎飛機也能長距離飛行的祕密

　　不要說國內線，就算是國際線專用的航廈，放眼過去幾乎都是雙引擎飛機。像Jumbo機（波音B747）那樣的四發動機飛機似乎已經是上一個年代的產品了。爲什麼雙引擎飛機足以承擔國際線的任務呢？祕密就在於ETOPS180認證。

　　在旅客機的引擎還和汽車一樣採取活塞引擎的時代，雙發動機的飛機必須以60分鐘內就能降落機場爲前提執行飛航任務。這使得當時的飛機無法進行如下頁圖例般的直線飛行，而必須選擇可以每60分鐘降落一次的航程。

　　到了噴射引擎問世，並隨著其信賴性與規格漸漸提升，飛機的航程也跟著從原本的60分鐘航程，提高爲120分鐘，甚至180分鐘航線。能夠擴張到180分鐘航程的，就稱爲ETOPS180認證。當時間擴充到180分鐘，即便是雙引擎飛機，也能一口氣橫跨太平洋，也因此雙發動機的飛機一下子就登上主流的地位。

　　然而，飛機引擎一旦故障，會使依附引擎運轉的設備，如發電機、油壓幫浦、空調等裝置都停止作動。因此，在航行前，不僅是引擎故障的問題，包括電力系統與油壓系統的作業重複性、APU的功能、飛行員的作業量等等，都必須納入綜合的考量；再加上航線本身與飛行員的狀況，可緊急降落的機場狀況等，所有條件必須完備後，才能適用於ETOPS180認證。

▶ ETOPS以前

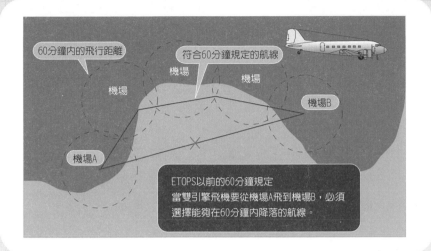

▶ ETOPS 180認證

8-12 如何選擇緊急降落的機場？
ETP是關鍵

　　當飛機採用ETOPS180認證的飛航過程中發生引擎故障，勢必在180分鐘內降落在最近的機場，並依據引擎發生故障的地點來決定必須緊急降落的機場。那麼，飛機是如何選定緊急降落機場呢？

　　在高度較高的高空巡航時，若引擎發生故障，可能會造成剩餘引擎推力不足以維持速度而造成失速的窘狀，為了避免此狀況發生，飛機遇到引擎故障時，必須儘速下降高度（Drift Down），特別在海上飛行時，必須利用Drift Down節省更多時間並爭取更長距離，為此，更得在短時間之內決定降落機場。

　　降落機場的決定，取決於ETP（Equal Time Point）。ETP指的是在航線上的某個點，且從這個點不管往哪一個方向其所需時間都一樣。例如，從東京到檀香山的航線中，不論往東京或是檀香山，所需時間都相同的一個點，就是ETP；若是在北太平洋航線，則ETP就是不論往東京或是安科拉治（Anchorage），所需時間都相同的一個點。

　　但是，如果該航班符合ETOPS180認證，用上述的方法設定ETP，可緊急降落的機場就會太遠，飛機將無法於180分鐘內降落。因此，請參照下圖，先選定幾個規定時間內可降落的機場，設定兩個以上的ETP。例如，若引擎故障發生在ETP1之前，應該返回札幌機場；若故障發生在ETP1和ETP2之間，則應以西米亞做為降落機場，若超過ETP2，則應將安科拉治設定為緊急降落的機場，橫越過北太平洋航線。

▶ ETP（Equal Time Point）

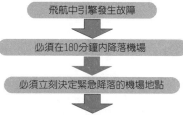

ETP（Equal Time Point）
航線上的某個點，且從這個點不管往出發地（或緊急降落的陸地）或目的地（或緊急降落的陸地），其所需時間都一樣。

飛航中引擎發生故障

↓

必須在180分鐘內降落機場

↓

必須立刻決定緊急降落的機場地點

↓

以不管往哪一個方向其所需時間都一樣的地點（ETP）為基準。以下圖為例，發生在ETP1之前，則緊急降落地點為札幌，ETP1和ETP2之間則是西米亞，超過ETP2則應以安哥拉治為緊急降落機場。

▶ 橫越北太平洋航線

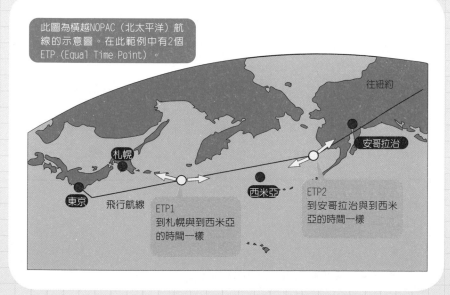

此圖為橫越NOPAC（北太平洋）航線的示意圖。在此範例中有2個ETP.（Equal Time Point）。

往紐約

札幌

安哥拉治

東京

飛行航線

ETP1
到札幌與到西米亞的時間一樣

西米亞

ETP2
到安哥拉治與到西米亞的時間一樣

以前的飛機在空中交會時，多採取一左一右的方式，現在則採用從彼此的上方或下方交會。如果在同一高度就不得了了。飛行員在航行過程中可以透過雷達得知管制空域等空中交通資訊，但若是在海上或雲中飛行，則無法看見其他飛機。

能夠保護飛機免於陷入這樣危險的，就是空中預警防撞系統（TCAS）。TCAS是利用顏色區分周邊飛行飛機（包括直昇機等）的危險程度，當有飛機進入警戒範圍內，TCAS會發出「Traffic, Traffic」的警告音；當TCAS預測到可能發生衝撞時，會發出「請上升」「請下降」的警告音及畫面顯示來提醒飛行員避開可能發生的衝撞。

而地面迫近警告系統（GPWS）則是針對飛行員未預期的障礙物或地面，進行預防的裝置。當飛機在不應下降時（例如剛起飛的時候）下降、還未降下起落裝置卻開始接近地面、突然接近障礙物、或是偏離著陸的下降路線等狀況，警告音及畫面就會同時啓動，提示飛行員應迴避。

例如，遇到濃霧視線不良的天氣時，當飛機開始接近山丘等障礙物，ND（Navigation Display）上會發出顯示， PFD（Primary Flight Display）上顯示「急上升」，駕駛艙內同時響起「請立刻上升，請立刻上升」的警告音。

▶空中預警防撞系統的作動

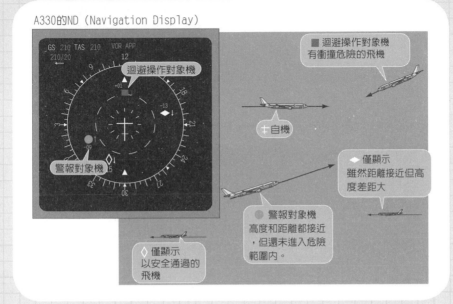

A330的ND（Navigation Display）

■ 迴避操作對象機
有衝撞危險的飛機

迴避操作對象機

＋自機

警報對象機

◆ 僅顯示
雖然距離接近但高
度差距大

● 警報對象機
高度和距離都接近
，但還未進入危險
範圍內。

◇ 僅顯示
以安全通過的
飛機

▶地面迫近警告系統

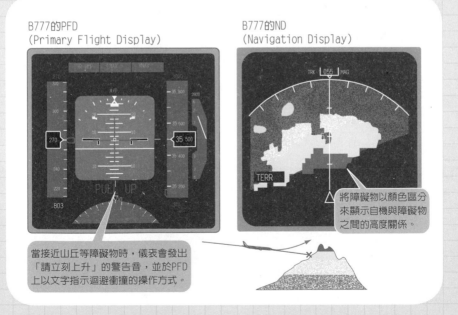

B777的PFD
（Primary Flight Display）

B777的ND
（Navigation Display）

△ 將障礙物以顏色區分
來顯示自機與障礙物
之間的高度關係。

當接近山丘等障礙物時，儀表會發出
「請立刻上升」的警告音，並於PFD
上以文字指示迴避衝撞的操作方式。

8-14 黑盒子的功能
其實是橘色的箱子

雖然黑盒子的功能廣為人知，但裡頭的裝置卻鮮少有人知道。飛機的黑盒子，通常指的是駕駛艙語音紀錄器（CVR：Cockpit Voice Recorder）和飛航紀錄器（FDR：Flight Data Recorder），是用於航空事故或航運障礙發生時追究原因的紀錄裝置，盒子本體採用顯眼的亮橘色，其本身的構造強度，能夠承受強烈衝擊、高溫，及水壓等不利環境。

CVR是將駕駛艙裡的所有對話錄音的裝置。錄音時間是30分鐘，30分鐘以前的對話會不停被覆蓋掉，持續保留著最新30分鐘內的對話。以前的語音紀錄是錄音帶式的，現在則是利用半導體記憶卡，耐久性和信賴性都提升了不少。CVR從引擎啟動開始自動錄音，直到引擎停止才跟著停止。

FDR則是紀錄飛機速度、高度、姿態、方位、引擎運轉狀態等飛航狀況的裝置，紀錄時間為25小時。和CVR一樣，現在也都已採用半導體記憶卡，其效能也都更為提升。

更早以前的引擎資訊，是由飛行員於巡航中飛機穩定時，手寫在航空日誌中的；現在則是包括引擎的所有飛航相關詳細資訊，都會利用自動資料傳輸送到地面航管，以利於整修及性能管理。

▶ 語音記錄器

只能在飛機到達地面後刪除錄音資料

駕駛艙內的語音紀錄操作面板
除了與空中交通管制台之間的對話以外
，包括駕駛艙內的對話、對客艙的廣播
內容、與客艙機組人員之間的聯繫、和
與地面的維修人員之間的對話都會錄音

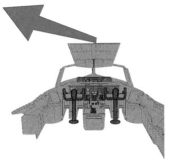

▶ FDR與CVR

飛航紀錄器
(FDR：Flight Data Recorder)
本體

飛航紀錄器 (FDR：Flight Data Recorder)
紀錄引擎的狀況及飛行速度、高度、姿態、位置等3次元資訊
的裝置
・從飛機的引擎驅動發電機開始作動開始自動記錄
・到飛機著陸且引擎停止運轉5分鐘後自動停止記錄
・在遭受強烈撞擊的10分鐘後自動停止記錄

駕駛艙語音紀錄器
(CVR：Cockpit Voice Recorder)
本體

駕駛艙語音紀錄器 (CVR：Cockpit Voice Recorder)
為了釐清意外事故發生的始末而不停紀錄駕駛艙內最新30分
鐘的裝置
・從飛機的引擎驅動發電機開始作動開始自動錄音
・到飛機著陸且引擎停止運轉5分鐘後自動停止錄音
・只能在飛機到達地面後刪除錄音資料
・在遭受強烈撞擊的10分鐘後自動停止錄音且不可刪除

警報系統的構造

如何知道故障了？

　　Classic Jumbo機（B747-200）的年代以前，電子、油壓裝置等控制系統及儀表系統，都能夠以系統概略圖的型態呈現於各面板上，讓飛行員能隨時監控所有系統狀況。假設當監控油壓裝置作動液溫度的橘色警示燈亮起，飛行員可以參照手冊施行應對方法。

　　現在，所有裝置的狀況不再隨時顯示於面板，僅有異常發生時，會在主要為顯示引擎狀況的中央面板中，以顏色表示異常狀態。引擎火災等緊急故障為紅字，引擎過熱等應警戒狀態則為橘色，單純的訊息則為白色文字，操作順序則以藍色文字表示，顏色的區分，讓飛行員能夠在第一時間辨別事態的緊急程度。不過，空中巴士機與波音機的顯示方式及運用方法仍有不同。

　　空中巴士A330是透過一個稱為ECAM的裝置，以電子式的方式集中監控飛機狀況，當故障發生時，顯示引擎儀表的EWD（引擎警報面板）會顯示故障狀況及操作順序，發生異常的系統概略圖及故障狀況也會自動顯示於SD（System Display）上。

　　波音B777則是以EICAS（引擎儀表及機組警報系統）監控飛機，並於故障發生時，在顯示引擎儀表的EICAS上以文字警告的方式表示。對應故障狀況的操作順序及概略圖，則由飛行員手動選擇後顯示。

▶以Classic Jumbo機為例

第一油壓裝置過熱的警報燈（朱色）亮

查詢操作手冊中所記載的第一油壓裝置過熱時的操作方式並執行操作

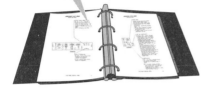

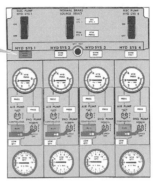

B747-200的飛航工程師操作面板的油壓裝置控制系統

▶空中巴士機與波音機

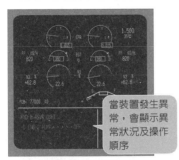

當裝置發生異常，會顯示異常狀況及操作順序

A330的ECAM EW/D
（引擎警報面板）

異常發生時會立刻顯示訊息

B777的EICA面板

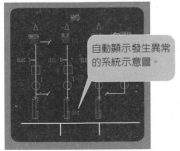

自動顯示發生異常的系統示意圖。

A330的SD
（System Display）

自動顯示針對該異常的確認項目列表。選取後會顯示操作方式。

B777的MFD
（Multi-Function Display）

8-16 模擬訓練
將不可能的實機訓練變為可能

同樣身為雙引擎飛機，空中巴士A330與波音B777之間就如同截然不同的操縱桿設計，兩者的裝置及操作方式也有許多差異。不論是執行哪一個機種的勤務，飛行員都必須接受該飛機緊急操作的訓練。但是，引擎火災等訓練又不可能以實機進行操作。在此，我們要介紹精準呈現飛機飛航的裝置—飛行模擬裝置（Simulator）。

飛行模擬裝置除了可以配合飛機加減速、爬升、下降、盤旋、著陸時的碰撞、駕駛艙所看出去的景色等所有狀況進行動作，包括引擎音及風切音，也都忠實呈現。此外，跑道的狀態（如積雪）、風速、風向、視線等天候狀況也能自由設定。透過這種飛行模擬裝置，飛行員能夠不斷反覆練習當遇到緊急狀態時的操作順序、天候不良時的起降、和起降中止等操作。

後來更衍生了CRM的概念，增加了一項稱為LOFT的訓練。所謂CRM（座艙資源管理），是將所有資訊及環境狀況，作最大限度的利用，以提升飛航安全的軟體。LOFT（航路導向飛行訓練）則是透過模擬實際航班，對機組人員進行實際應對的演練。例如，從羽田機場出發起飛往天候不良的大阪前進、但因為發生地震使得關東地區的所有機場封閉、大阪的天氣愈來惡劣、機上又有急救病患，在這種刻不容緩的狀態下，機組成員的任務分配、降落機場的選擇、意志決定等，透過這樣的模擬訓練，讓所有人員學習運用所有包括機組人員本身、空中交通管制機關、航空公司等資源，協助飛機安全著陸。

▶ 模擬訓練

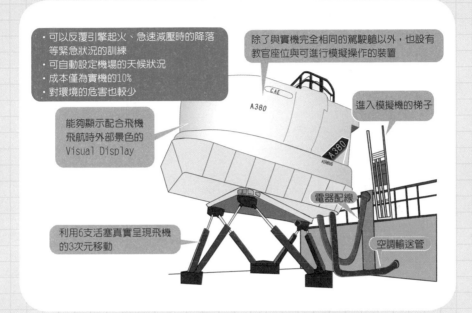

- 可以反覆引擎起火、急速減壓時的降落 等緊急狀況的訓練
- 可自動設定機場的天候狀況
- 成本僅為實機的10%
- 對環境的危害也較少

除了與實機完全相同的駕駛艙以外，也設有 教官座位與可進行模擬操作的裝置

進入模擬機的梯子

能夠顯示配合飛機 飛航時外部景色的 Visual Display

電器配線

利用6支活塞真實呈現飛機 的3次元移動

空調輸送管

▶ 人為因素（Human Factor）

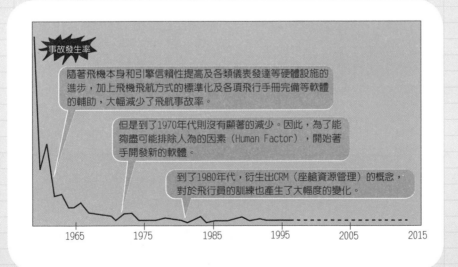

事故發生率

隨著飛機本身和引擎信賴性提高及各類儀表發達等硬體設施的 進步，加上飛機飛航方式的標準化及各項飛行手冊完備等軟體 的輔助，大幅減少了飛航事故率。

但是到了1970年代則沒有顯著的減少。因此，為了能 夠盡可能排除人為的因素（Human Factor），開始著 手開發新的軟體。

到了1980年代，衍生出CRM（座艙資源管理）的概念， 對於飛行員的訓練也產生了大幅度的變化。

國家圖書館出版品預行編目資料

跟著飛行員一起開飛機／中村寬治◎著；溫欣潔◎譯.
—— 初版 . —— 臺中市：晨星，2012.4
面；公分 . ——（知的！：41）

ISBN 978-986-177-588-3（平裝）

1. 飛行員　　2. 飛行駕駛

447.8　　　　　　　　　　　　　　　　　101003293

知
的
！
41　**跟著飛行員一起開飛機**

作者	中 村 寬 治
譯者	溫 欣 潔
編輯	劉 冠 宏
校對	劉 冠 宏 、 劉 又 菘
行銷企劃	劉 冠 宏
美術編輯	賴 怡 君
封面設計	陳 其 輝

創辦人	陳銘民
發行所	晨星出版有限公司
	407 台中市西屯區工業 30 路 1 號 1 樓
	TEL：04-23595820　FAX：04-23550581
	行政院新聞局局版台業字第 2500 號
法律顧問	陳思成律師
初版	西元 2012 年 4 月 30 日
再版	西元 2024 年 3 月 20 日（十三刷）

讀者服務專線	TEL：02-23672044 / 04-23595819#212
	FAX：02-23635741 / 04-23595493
	E-mail：service@morningstar.com.tw
網路書店	http：//www.morningstar.com.tw
郵政劃撥	15060393（知己圖書股份有限公司）
印刷	上好印刷股份有限公司

定價 290 元
（缺頁或破損的書，請寄回更換）
ISBN：978-986-177-588-3
Color Zukai de Wakaru Jet Ryokakuki no Soju
Copyright © 2011 Kanji Nakamura
Chinese translation rights in complex characters arranged with SOFTBANK Creative Corp.,
Tokyo through Japan UNI Agency, Inc., Tokyo and Future View Technology Ltd., Taipei.
Printed in Taiwan. All rights reserved.

◆ 讀 者 回 函 卡 ◆

以下資料或許太過繁瑣，但卻是我們了解您的唯一途徑
誠摯期待能與您在下一本書中相逢，讓我們一起從閱讀中尋找樂趣吧！

姓名： 　　　　　性別：□ 男□ 女 　生日： 　/ 　/

教育程度：_____

職業：□ 學生 　　　□ 教師 　　　□ 內勤職員 　□ 家庭主婦
　　　□ SOHO族 　　□ 企業主管 　□ 服務業 　　□ 製造業
　　　□ 醫藥護理 　　□ 軍警 　　　□ 資訊業 　　□ 銷售業務
　　　□ 其他_____

E-mail：_____

聯絡電話：_____

聯絡地址：□□□_____

購買書名：跟著飛行員一起開飛機 _____

・本書中最吸引您的是哪一篇文章或哪一段話呢？_____

・誘使您購買此書的原因？

□ 於 _____ 書店尋找新知時□ 看 _____ 報時瞄到□ 受海報或文案吸引

□ 翻閱 _____ 雜誌時□ 親朋好友拍胸脯保證□ _____ 電台DJ熱情推薦

□ 其他編輯萬萬想不到的過程：_____

・對於本書的評分？（請填代號：1. 很滿意 2. OK啦！ 3. 尚可 4. 需改進）

　　封面設計 _____ 版面編排 _____ 內容 _____ 文／譯筆 _____

・美好的事物、聲音或影像都很吸引人，但究竟是怎樣的書最能吸引您呢？

□ 自然科學 □ 生命科學 □ 動物 □ 植物 □ 物理 □ 化學 □ 天文／宇宙
□ 數學 □ 地球科學 □ 醫學 □電子／科技 □ 機械 □ 建築 □ 心理學
□ 食品科學 □ 其他_____

・您是在哪裡購買本書？（單選）

□ 博客來 □ 金石堂 □ 誠品書店 □ 晨星網路書店 □ 其他_____

・您與眾不同的閱讀品味，也請務必與我們分享：

□ 哲學 　　□ 心理學 　□ 宗教 　　□ 自然生態 □ 流行趨勢 □ 醫療保健
□ 財經企管 □ 史地 　　□ 傳記 　　□ 文學 　　□ 散文 　　□ 原住民
□ 小說 　　□ 親子叢書 □ 休閒旅遊 □ 其他_____

以上問題想必耗去您不少心力，爲免這份心血白費

請務必將此回函郵寄回本社，或傳真至（04）2359-7123，感謝！
若行有餘力，也請不吝賜教，好讓我們可以出版更多更好的書！

・其他意見：

郵票

407
台中市工業區 30 路 1 號
晨星出版有限公司
知的　編輯組

更方便的購書方式：

(1) 網站：http://www.morningstar.com.tw
(2) 郵政劃撥　帳號：15060393
　　　　　　戶名：知己圖書股份有限公司
　　請於通信欄中註明欲購買之書名及數量
(3) 電話訂購：如爲大量團購可直接撥客服專線洽詢

也可至網站上
填線上回函

◎ 如需詳細書目可上網查詢或來電索取。
◎ 客服專線：02-23672044　傳眞：02-23635741
◎ 客戶信箱：service@morningstar.com.tw